生命科学导论实验指导

吴 坚 廖 海 主编

科 学 出 版 社

北 京

内 容 简 介

本教材由西南交通大学生命科学与工程学院"生命科学导论素质教育系列公共课教学团队"组织编写。教学宗旨是以生命系统为主线，从微观到宏观，使学生达到"了解生命、尊重生命、热爱生命"的教学目标。本教材共 4 个单元，20 个实验。具体内容选取经典与现代相结合的实验项目，充分体现实验教学内容的基础性、科学性、趣味性和探究性，适应面宽，可操作性强，能很好地发挥学生的主观能动性。每个实验均有背景知识和相关思考，可启发学生思维，开阔视野，激发学生的学习兴趣。

本教材既适合非生物学专业通识教育教学课程使用，也可供高等学校相关人员参考。

图书在版编目（CIP）数据

生命科学导论实验指导/吴坚，廖海主编. —北京：科学出版社，2016.5

ISBN 978-7-03-048112-2

Ⅰ. ①生… Ⅱ. ①吴… ②廖… Ⅲ. ①生命科学–实验–高等学校–教材 Ⅳ. ①Q1-0

中国版本图书馆 CIP 数据核字（2016）第 087682 号

责任编辑：刘 畅 / 责任校对：贾伟娟
责任印制：徐晓晨 / 封面设计：迷底书装

科学出版社出版
北京东黄城根北街 16 号
邮政编码：100717
http：//www.sciencep.com
北京京华虎彩印刷有限公司印刷
科学出版社发行 各地新华书店经销
*
2016 年 5 月第 一 版 开本：720×1000 B5
2017 年 1 月第二次印刷 印张：6
字数：108 000

定价：19.80 元

（如有印装质量问题，我社负责调换）

编委会名单

主　　编　吴　坚　廖　海

副主编　李　萍　李遂焰

其他编委（以姓氏汉语拼音为序）

李　琳　刘艳秋

罗红霞　彭雪林

徐　柳　姚　宁

叶　春　袁　艺

赵焕瑛　周嘉裕

前　言

生命科学是推动 21 世纪自然科学发展与社会进步的关键性学科。为了顺应21世纪经济、社会、科技、文化发展对高等教育人才培养的要求，西南交通大学生命科学与工程学院于2000年首次为非生物类专业的本科生开设了“生命科学导论”公共选修课，旨在通过课程学习使在校大学生了解生命、尊重生命与热爱生命。经过16年的发展，该课程受到学校师生的一致好评，学生选课踊跃，教学效果显著，并入选2010年度西南交通大学通识教育基础课。为了更好地弘扬科学精神、提高科学素养，我们相继在课程中增设了实验课程，并单独开设“生命科学导论实验”，力求加深学生对生命科学的认识，进一步激发学生学习生命科学与生物技术知识的兴趣，并对现代分子生物学技术有所了解。本实验课程从培养学生的科学观与相关技术入手，力图促进学生形成正确的世界观、人生观、价值观，全面提升学生的科学、文化和思想素质。

本教材力求在实验技术上具备基础性、科学性和先进性，并在实验教学理念、方法和目的上进行一些新的尝试。书中不仅对实验过程尽可能地详述，还介绍了实验原理与技术背景，同时提出教学建议。力求突破以往“实验”只为课堂教学内容“求证”的旧模式，提出更高、更全面的实验目的，即除了印证课堂知识外，还要使学生掌握生物学的基本研究方法，并具有对生物界的基本观察和分析能力。

本教材具有以下特色：①内容精炼，在编写过程中，编者进行了认真的调研、比较、分析和选择，结合教学实践精心筛选、提炼实验内容；②经典与现代相结合，本教材不仅有经典的、常规的实验，也有部分现代的生物学实验；③启发与思考相结合，本教材旨在培养学生的独立观察能力及分析问题、解决问题的能力。

全书共分4个单元，第一单元，生命的物质基础——生物大分子（4个实验，由李遂焰、廖海与刘艳秋编写）；第二单元，生命的繁衍——细胞、遗传与进化（8个实验，由徐柳、姚宁、廖海、吴坚、罗红霞、周嘉裕与叶春编写）；第三单元，多彩的生物世界——生物体的结构与功能（5个实验，由吴坚、刘艳秋、罗红霞、彭雪林、周嘉裕与赵焕瑛编写）；第四单元，生物与环境——生态与可持续发展（3个实验，由李萍与袁艺编写）。

本教材从策划到编写历时两年多，在此感谢科学出版社的大力支持，也要感谢西南交通大学教务处和生物系同事的支持，特别要感谢参与课程学习的学生，本教材的编写离不开他们的鼓励。感谢西南交通大学本科教育教学研究与改革项目“1502024，1503008，1503051，1505055”对本教材的经费支持。

本教材虽为多人合编，但其体例统一，行文顺畅，表述简明，协同较好。但因编者的学识水平有限，难免会有不足之处，敬请各位老师和学生在使用过程中批评指正，不胜感激。

编　者

2016 年 3 月于西南交通大学

实 验 须 知

一、学生自备的实验用品。

1. 记录本。

2. 绘图用具一套（HB 及 2H 铅笔各一支，软橡皮，直尺，铅笔刀等）。

3. 实验指导书。

4. 实验服一件。

二、每次实验前必须认真预习本实验指导书，明确实验目的、实验内容、实验要求和实验操作方法，每次实验课均应将本实验指导书、相关参考书及实验用品带到实验室。

三、学生应按规定时间，提前 5min 进入实验室，做好实验准备。

四、学生不得无故缺席或迟到、早退，若有病、有事应按学校规定办理请假手续。实验时应保持安静，认真观察分析，实验课后认真完成作业。

五、学生应在教师指导下，按照操作规程，谨慎使用各种仪器设备、用具和实验标本（如玻片标本、浸泡标本等），使用前应认真检查，如有缺损，立即报告，以便补充。因违反操作规程造成的损坏按有关规定处理。

六、在实验过程中，若仪器设备故障或损坏，应立即切断电源、气源，并报告实验老师及时处理。

七、实验数据必须如实记录，不能随意杜撰和拼凑。

八、学生应保持实验室整洁，桌面上不要乱放与本次实验无关的书籍、仪器、药品。禁止吸烟和饮食。

九、实验完毕，应将实验仪器设备和用具归放原处，将实验废液倒入专用的废液收集瓶，以待集中处理。并打扫卫生，关好水、电、门、窗，经老师检查合格后离开。

实验室安全协议书

______________________学院

课程名称：生命科学导论实验　　　　课程代码：______________

我已认真阅读、知晓并同意了本实验室的实验须知。我已知晓所有进入本实验室参与实验的学生必须服从并坚持实验须知。我已知晓如果我未穿戴实验服，助教、实验室管理人员与（或）实验室安全监督人员有权拒绝我进入实验室。并且，如果我的行为有可能对我本人及其他实验人员造成伤害，助教、实验室管理人员与（或）实验室安全监督人员有权将我驱逐出实验室。

姓名：________　　　　学号：________　　　　专业：________

电话：________

紧急联系信息

姓名：________　　　　与学生关系：______________

电话：________

学生签名：______________　　　　实验管理人员：______________

目　　录

前言
实验须知
实验室安全协议书
第一单元　生命的物质基础——生物大分子 …… 1
实验 1　氨基酸的分离鉴定 …… 1
实验 2　果蔬中维生素 C 的测定 …… 4
实验 3　蛋白质的沉淀反应 …… 8
实验 4　肝细胞 DNA 的制备 …… 11
第二单元　生命的繁衍——细胞、遗传与进化 …… 14
实验 5　显微镜下的生命体 …… 14
实验 6　密度梯度离心法分离叶绿体 …… 22
实验 7　微生物的分离、纯化与观察 …… 24
实验 8　细菌的革兰氏染色 …… 27
实验 9　发酵食品的制作 …… 29
实验 10　PCR 扩增活细胞 Y 染色体的睾丸决定基因 …… 31
实验 11　人群中 PTC 味盲基因频率的分析 …… 34
实验 12　分子进化分析 …… 36
第三单元　多彩的生物世界——生物体的结构与功能 …… 42
实验 13　植物多样性 …… 42
实验 14　植物种子无菌萌发 …… 49
实验 15　动物多样性的结构与功能 …… 50
实验 16　玻片法鉴定 ABO 血型 …… 69
实验 17　人体脉搏和血压的测量 …… 71
第四单元　生物与环境——生态与可持续发展 …… 75
实验 18　大学校园生态系统调查 …… 75
实验 19　城市植被生态效应的调查 …… 79
实验 20　水体富营养化程度的评价 …… 81
参考文献 …… 86

第一单元　生命的物质基础——生物大分子

实验 1　氨基酸的分离鉴定

氨基酸是构成蛋白质分子的基本单位，是含有氨基和羧基的一类有机化合物。它是生物体内不可缺少的营养成分之一，与生物的生命活动有着密切关系。

氨基酸的结构通式如下，其中 R 基为可变基团。生物体内的蛋白质由 20 种基本氨基酸构成，氨基酸在结构上的差别即取决于侧链基团 R 基的不同。根据 R 基团的化学结构或性质可将 20 种基本氨基酸进行分类。例如，依据侧链基团的化学结构不同，可将氨基酸分为脂肪族氨基酸、芳香族氨基酸、杂环族氨基酸、杂环亚氨基酸等；根据侧链基团的极性不同，可将氨基酸分为极性氨基酸和非极性氨基酸。

$$\begin{array}{c} \mathrm{H} \\ | \\ \mathrm{R{-}C{-}COOH} \\ | \\ \mathrm{NH_2} \end{array}$$

不同的氨基酸其味不同，有的无味，有的味甜，有的味苦，如谷氨酸的钠盐有鲜味，是味精的主要成分。各种氨基酸在水中溶解度差别很大，能溶解于稀酸或稀碱中，但不能溶于有机溶剂。通常利用乙醇可将氨基酸从其溶液中沉淀析出。根据各种氨基酸性质的不同，可利用不同的方法将某种氨基酸从氨基酸混合物中分离出来。

氨基酸在人体内参与合成组织蛋白质，可转变为激素、抗体、肌酸等含氨物质；并可转化为碳水化合物和脂肪；经生物氧化后，最终生成二氧化碳和水及尿素，同时释放能量。

人体摄入的蛋白质最终以氨基酸的形式经过血液运送至全身，体内血液氨基酸含量处于动态平衡，肝脏是血液氨基酸的重要调节器官。因此，食物蛋白质经消化分解为氨基酸后被人体吸收，机体利用这些氨基酸再合成自身的蛋白质，人体对蛋白质的需要实际上是对氨基酸的需要。

一、实验目的

1. 了解纸层析法的实验原理。

2. 熟悉氨基酸纸上层析的操作技术（包括点样、平衡、展层、显色及鉴定）。

二、实验原理与内容

层析法，又称色层分离法或色谱法，是利用有色物质在吸附剂上吸附能力不同而使不同组分得到分离的方法，经过分离得到的色柱称为色谱。

纸层析法是以滤纸作为惰性支持介质，其原理主要是分配作用，辅以吸附和离子交换作用。纸纤维上的羟基具有亲水性，能吸附一层水作为固定相，而与水不相混合的有机溶剂作为流动相，不同物质在两相间有不同的分配系数，在纸上移动的距离就不同，因此得以分离。

物质在纸上移动的速率可以用 Rf 值（比移值）来表示：

$$\mathrm{Rf}=\frac{\text{原点到层析点中心的距离}}{\text{原点到溶剂前沿的距离}}$$

Rf 值计算测量示意图如图 1-1 所示。

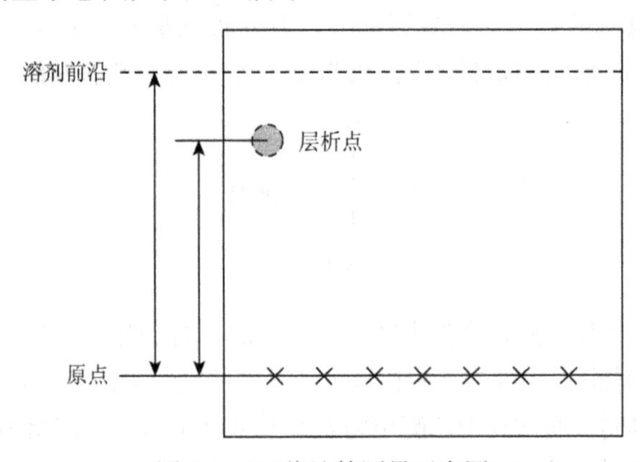

图 1-1 Rf 值计算测量示意图

不同物质在特定条件下，有特异的 Rf 值，Rf 值的大小与溶剂系统、物质的化学性质、层析滤纸的质量、层析温度等因素均有关。

本实验分离的是混合氨基酸样品，层析之后采用茚三酮试剂显色观察。

三、实验材料与用品

1. 实验用品：新华滤纸（16cm×16cm）、铅笔、米尺、棉线、针、一次性手套、层析缸或标本缸、长颈漏斗、小烧杯、培养皿、量筒、毛细吸管、洗耳球、喷雾器（15～20mL）、吹风机（冷、热）、烘箱。

2. 试剂及其配制。

（1）正丁醇。

（2）甲酸（80%）。

（3）茚三酮显色剂：0.5%的茚三酮丙酮溶液。

（4）谷氨酸溶液：称取 10mg 谷氨酸溶于 2mL 蒸馏水中。

（5）丝氨酸溶液：称取 10mg 丝氨酸溶于 2mL 蒸馏水中。

（6）亮氨酸溶液：称取 10mg 亮氨酸溶于 2mL 蒸馏水中。

（7）苯丙氨酸溶液：称取 10mg 苯丙氨酸溶于 2mL 蒸馏水中。

（8）赖氨酸溶液：称取 10mg 赖氨酸溶于 2mL 蒸馏水中。

（9）脯氨酸溶液：称取 10mg 脯氨酸溶于 2mL 蒸馏水中。

（10）氨基酸混合液：上述氨基酸溶液等量混合。

四、实验操作步骤

1. 点样

（1）取层析滤纸（16cm×16cm）一张，在纸的一端距边缘 2～3cm 处用铅笔画一条直线，在此直线上每隔 2cm 作一记号，如图 1-2 所示。

图 1-2　层析滤纸上氨基酸点样示意图

（2）如图 1-2 所示，用毛细管将各氨基酸样品分别点在记号上，斑点扩散直径不超过 0.5cm。点样后用吹风机冷风吹干，每一个样品点样两次。氨基酸点样量以每种氨基酸含 5～20μg 为宜。

2. 平衡与展层

（1）将正丁醇、甲酸、水按其比例 4∶1∶1 相混合，配制约 40mL，取 10mL 置于小烧杯中作平衡溶剂，其余备用，层析液需现用现配。

（2）将点好样的滤纸两侧边缘对齐，用线缝好，卷成筒形，注意缝线处的滤纸两边不能接触，操作时需戴手套。

（3）将盛有平衡溶剂的小烧杯放入层析缸中，圆筒状滤纸放入直径 9cm 培养皿中，注意滤纸勿与皿壁接触，盖好钟罩平衡 30min，使层析滤纸被溶液蒸汽饱和。

（4）打开钟罩上端塞子，将长颈漏斗插入罩内，下端至培养皿底部。通过漏斗将层析溶剂加入（25mL）培养皿，点样一端在下方，扩展剂的液面需低于点样线 1cm。待溶剂上升距离边缘 1cm 左右时，取出滤纸，用铅笔画出溶液前沿线。用吹风机热风吹干。

3. 显色

将滤纸挂在铁支架上，用喷雾器均匀喷上 0.5%茚三酮溶液显色，注意各部分应喷洒均匀，再用吹风机吹尽丙酮，置 60～70℃烘箱中烘 10～15min。取出，用铅笔轻轻描出显色斑点的形状，测其距离，计算各氨基酸的 Rf 值。茚三酮显色反应受温度、pH、时间影响较大。

五、实验结果与分析

1. 根据纸层析分离结果，计算各氨基酸的 Rf 值，填入表 1-1 中。

表 1-1 各氨基酸的 Rf 值

序号	样品名称	Rf 值	序号	样品名称	Rf 值
1	谷氨酸溶液		7	氨基酸混合液中样品 1	
2	丝氨酸溶液		8	氨基酸混合液中样品 2	
3	亮氨酸溶液		9	氨基酸混合液中样品 3	
4	苯丙氨酸溶液		10	氨基酸混合液中样品 4	
5	赖氨酸溶液		11	氨基酸混合液中样品 5	
6	脯氨酸溶液		12	氨基酸混合液中样品 6	

2. 结合实验条件，解释氨基酸的分离现象。

六、作业与思考

1. 纸层析法的主要实验原理是什么？
2. 简述纸层析法的主要操作步骤及注意事项。

实验 2 果蔬中维生素 C 的测定

维生素是指为维持人类和动物的正常生理功能所必需的一类微量有机物质。

维生素既不参与人体细胞构成，也不能为人体提供能量，但在机体生长、代谢、发育过程中却发挥着重要作用。维生素 C 属于水溶性维生素，是高等灵长类动物与其他少数生物的必需营养素，在大多数的生物体内可自身合成，但在人体内却不能合成。

在生物体内，维生素 C 是一种抗氧化剂，保护身体免于自由基的威胁，同时它也是一种辅酶。维生素 C 又名抗坏血酸，当人体内缺乏维生素 C 时，羟脯氨酸和赖氨酸的羟基化过程不能顺利进行，胶原蛋白合成受阻，引起坏血病。早期表现为疲劳、倦怠、牙龈肿胀、出血、伤口愈合缓慢等，严重时可出现内脏出血而危及生命。

维生素 C 服用过量会引发疾病。每日服 1～4g 时，可引起胃酸增多、胃液反流、腹泻、皮疹，有时可引起泌尿系结石、尿内草酸盐与尿酸盐排出增多、血管内溶血或凝血等，有时还可导致白细胞的吞噬能力降低。每日用量超过 5g 时，可发生溶血现象，重者可致命。孕妇服用大剂量时，也可能产生婴儿坏血病。

食物中的维生素 C 主要存在于新鲜的蔬菜、水果中。水果中新枣、酸枣、橘子、山楂、柠檬、猕猴桃、沙棘和刺梨含有丰富的维生素 C；蔬菜中绿叶蔬菜、青椒、番茄、大白菜等含量较高。

一、实验目的

1. 学习定量测定维生素 C 的原理和方法。
2. 熟悉微量滴定法的基本操作技术。

二、实验原理与内容

维生素 C 具有很强的还原性，在中性和微酸性条件下，能还原 2, 6-二氯酚靛酚成无色的还原型 2, 6-二氯酚靛酚，同时自身被氧化成脱氢抗坏血酸。

氧化型的 2, 6-二氯酚靛酚在酸性溶液中呈粉红色，在中性或碱性溶液中呈蓝色。因此，当用 2, 6-二氯酚靛酚滴定含有抗坏血酸的酸性溶液时，在抗坏血酸尚未全部被氧化时，滴下的 2, 6-二氯酚靛酚立即反应而呈无色。所以，当溶液从无色转变成微红色时，即表示溶液中的抗坏血酸刚刚全部被氧化，此时即为滴定终点。从滴定时 2, 6-二氯酚靛酚标准溶液的消耗量，可以计算出被检测物质中抗坏血酸的含量。

抗坏血酸
（还原型）

+

2,6-二氯酚靛酚
（氧化型）红色（酸性条件下）

→

脱氢抗坏血酸
（氧化型）

H^+ ⇌ OH^-

+

2,6-二氯酚靛酚
（还原型）无色

2,6-二氯酚靛酚
蓝色（中性或碱性条件下）

三、实验材料与用品

1. 实验材料：新鲜蔬菜或水果，果汁，维生素C片。

2. 实验用品：研钵、漏斗、纱布、锥形瓶（50mL）、刻度管、容量瓶、微量碱式滴定管、玻璃棒、洗耳球、剪刀、铁架台、天平。

3. 试剂及其配制。

（1）1%盐酸。

（2）1%草酸：1g 草酸溶于 100mL 蒸馏水。

（3）2, 6-二氯酚靛酚钠溶液：将 50mg 2, 6-二氯酚靛酚溶解于约 200mL 含有 52mg 碳酸氢钠的热水中。冷却后，定容至 250mL。配制完毕的溶液需装入棕色瓶，避光、冰箱冷藏保存。2, 6-二氯酚靛酚性质不稳定，必须每周重新配制。

（4）标准抗坏血酸溶液（0.1mg/mL）：准确称取 50mg 抗坏血酸，溶于 1%草酸，并稀释至 500mL，贮于棕色瓶，临用前配制。

四、实验操作步骤

（1）准确称取新鲜蔬菜（绿色部分）或水果（果肉）5g 放入研钵中，加 1%

盐酸 10～15mL 迅速研磨，放置片刻（约 10min），将提取液滤入 100mL 容量瓶中，如此反复抽提 2～3 次，最后用水补至刻度并混匀。

（2）取上述提取液 10mL 于锥形瓶中，用 5mL 微量碱式滴定管以 0.001mol/L 2, 6-二氯酚靛酚钠溶液进行滴定，滴定至溶液呈现粉红色并保持 0.5min 不褪色时，即达到滴定终点。滴定过程必须迅速，不要超过 2min。滴定过程必须迅速是因为在本滴定条件下，一些维生素 C 还原物质的作用迟缓，快速滴定可以避免或减少它们的影响。

（3）准确吸取新配制的 0.1mg/mL 抗坏血酸标准液 1mL 于锥形瓶中，用 1%草酸稀释至 10mL。用 0.001mol/L 2, 6-二氯酚靛酚溶液同上滴定，记录用去的 2, 6-二氯酚靛酚的体积。计算 1mL 2, 6-二氯酚靛酚溶液相当于多少抗坏血酸。

注意：要使结果准确，滴定使用的 2, 6-二氯酚靛酚应在 1～4mL。若滴定结果超出此范围，则必须增减样品用量。

（4）计算结果：

$$维生素C的质量/100g样品=\frac{V_1 \times T}{V_2} \times V \times 100 \times \frac{1}{W}$$

式中，V_1 为滴定样品提取液所耗用的 2, 6-二氯酚靛酚的体积（mL）；V_2 为滴定时所取样品提取液的体积（mL）；V 为样品提取液的总体积（mL）；T 为 1mL 2, 6-二氯酚靛酚溶液相当于标准抗坏血酸的质量（mg）；W 为被测样品的质量（g）。

五、实验结果与分析

1. 根据实验滴定结果，计算 100g 实验材料中维生素 C 的含量，填入表 2-1 中。

表 2-1　样品中维生素 C 的含量实验结果

样品名称（　）	测定值 1	测定值 2	测定值 3	平均值	维生素 C 含量 /(mg/100g 样品)
V_1/mL					
V_2/mL					
V/mL					
T/mL					
W/g					

2. 联系生活实际，推荐几种维生素 C 含量丰富的食物。

六、作业与思考

1. 简述维生素 C 在人体中的生物学作用。

2. 了解维生素的分类和主要生理功能。

实验3 蛋白质的沉淀反应

蛋白质是一切细胞和组织的重要成分，人体的肌肉、内脏、神经、血液、骨骼甚至指甲和头发都含有蛋白质，成人体内含蛋白质16%～19%。身体的生长发育，衰老组织的更新，损伤后组织的修复，都离不开蛋白质。蛋白质具有多种生物学功能，包括催化、调节、运输、储存、运动、防御、支架和供能等。

人体蛋白质始终处于合成与分解的动态平衡过程，每天约有3%的蛋白质参与更新。人体每天从食物中摄取一定量的蛋白质，在消化道分解成各种氨基酸而被机体吸收，通过血液循环送到身体各组织，合成机体的各种蛋白质，作为构成和修复组织的材料。

一、实验目的

1. 通过实验加深对蛋白质胶体溶液稳定因素的认识。
2. 区分可逆沉淀反应和不可逆沉淀反应，并了解其实用意义。
3. 了解蛋白质变性及沉淀的关系。

二、实验原理与内容

蛋白质是一类高分子化合物，分子大小已达胶体颗粒范围（1～100nm），因此蛋白质在水溶液中具有胶体的性质。维持蛋白质胶体稳定的因素有两个：一是胶体颗粒所带的电荷，二是与介质水形成的水化膜。这种稳定性是有条件的、相对的，在一定物理化学因素影响下，蛋白质颗粒失去电荷、脱水，甚至变性而丧失稳定因素，从溶液中析出，这种作用称为蛋白质的沉淀反应。蛋白质的沉淀反应可分为如下两类。

（1）可逆沉淀反应：在发生沉淀反应时，蛋白质虽已沉淀析出，但蛋白质分子内部结构并未发生显著变化，基本上保持原有性质，如除去造成沉淀的因素后，蛋白质沉淀可再溶于原来的试剂中。属于此类反应的有盐析作用，在低温下的乙醇或丙酮短时间作用于蛋白质，等电点沉淀蛋白质等。提纯蛋白质时，常用此类反应。

（2）不可逆沉淀反应：在发生沉淀反应时，蛋白质分子内部结构，特别是空间结构遭到破坏，蛋白质常变性而沉淀，不再溶于原来溶剂中。可能是结构破坏时，蛋白质分子的疏水基团大量暴露出来，使其从亲水胶体转变为疏水胶体的缘故。重金属盐、生物碱试剂、过酸、过碱、加热、振荡、超声波、有机溶剂等都能使蛋白质发生不可逆沉淀而析出。

三、实验材料与用品

1. 实验材料：鸡蛋清。

2. 实验用品：试管、试管架、移液管、玻璃漏斗、玻璃棒。

3. 试剂及其配制。

（1）饱和氯化钠溶液：称氯化钠 316g 溶于 881mL 蒸馏水中。

（2）饱和硫酸铵溶液：称固体硫酸铵 850g 于 1000mL 蒸馏水中，在 70～80℃水浴中搅拌溶解，室温放置过夜，瓶底析出白色结晶，上清即为饱和硫酸铵溶液。

（3）3%硝酸银溶液。

（4）5%三氯乙酸溶液。

（5）无水乙醇。

（6）5%鞣酸溶液。

四、实验操作步骤

1. 蛋白质的盐析作用

中性无机盐（硫酸铵、硫酸钠、氯化钠等）的浓溶液能使蛋白质出现沉淀。沉淀不同的蛋白质所需中性盐的浓度不同，而盐类不同也有差异，如球蛋白可在半饱和硫酸铵中析出，而清蛋白则在饱和硫酸铵溶液中才能析出。

（1）取 2mL 蛋清用蒸馏水稀释至 40mL，搅拌混匀后，用数层纱布过滤，得到蛋白质溶液。

（2）取 2mL 蛋清，加蒸馏水 20mL 和饱和氯化钠溶液 10mL，充分搅匀后，纱布过滤，得到蛋白质氯化钠溶液。加氯化钠的目的是溶解球蛋白。

（3）取试管 1 支，加入蛋白质氯化钠溶液和饱和硫酸铵溶液各 3mL，混匀后静置数分钟（10min），球蛋白则沉淀析出。倾去上清液，向沉淀加少许水，观察是否溶解。

2. 重金属沉淀蛋白质

重金属盐类能与蛋白质结合成稳定的蛋白质盐而沉淀，其作用机制可能是蛋白质在碱性溶液中（对蛋白质等电点而言）分子本身带负电，易与带正电荷的重金属离子（如Hg^{2+}、Pb^{2+}、Cu^{2+}、Ag^{+}等）结合成不溶解的盐类而沉淀。生化分析中常用重金属盐除去液体中的蛋白质，临床上用蛋白质解除重金属盐食物中毒。

取试管 1 支，加入蛋白质溶液 2mL，滴入 3～5 滴硝酸银溶液（3%），振荡试管，观察沉淀产生。静置片刻，倾去上清液，再向沉淀中加入少量水，观察沉淀是否溶解。

3. 有机酸沉淀蛋白质

有机酸能沉淀蛋白质，三氯乙酸和磺基水杨酸最有效，可将血清等生物体液中的蛋白质完全除去。

取试管 1 支，加入蛋白质溶液 2mL，再加入 1mL 5%三氯乙酸，振荡试管，观察沉淀的生成。放置片刻，倾去上清液，向沉淀中加入少许水，观察沉淀是否溶解。

4. 有机溶剂沉淀蛋白质

取试管 1 支，加入 2mL 蛋白质溶液，再加 2mL 无水乙醇，混匀，观察沉淀的生成情况。

5. 生物碱试剂沉淀蛋白质

生物碱是植物中具有显著生理作用的一类含氮的碱性物质。凡能使生物碱沉淀，或能与生物碱作用生成颜色产物的物质，称为生物碱试剂，如鞣酸、苦味酸、磷钨酸等。生物碱试剂能与蛋白质产生沉淀作用，可能是因为蛋白质含有与生物碱相似的含氮基团。

取试管 1 支，加入 2mL 蛋白质溶液，加 5%鞣酸溶液 1mL，摇匀，观察沉淀的生成情况。放置片刻，倾去上清液，向沉淀中加入少许水，观察沉淀是否溶解。

五、实验结果与分析

实验结果如表 3-1 所示。

表 3-1 鸡蛋清的沉淀反应现象记录结果

沉淀反应	盐析	重金属沉淀	有机酸沉淀	有机溶剂沉淀	生物碱试剂沉淀
试剂					
沉淀现象					
沉淀类型					

注：有沉淀用“+”表示，无沉淀用“–”表示

六、作业与思考

1. 举例说明生活中蛋白质变性作用的应用。
2. 了解豆腐加工过程并解释其蛋白质沉淀原理。

实验 4　肝细胞 DNA 的制备

DNA，全称 deoxyribonucleic acid，中文名为脱氧核糖核酸，是一种由 4 种脱氧核糖核苷酸组成的长链聚合物。DNA 中的脱氧核糖核酸序列，即构成了“生命的蓝图”，其中包含了遗传指令，以引导生物发育与生命机能运作。

1953 年，沃森与克里克依据富兰克林所拍摄的 X 线衍射图及相关资料，提出了最早的脱氧核糖核酸结构精确模型，并发表于 *Nature*。1962 年，沃森、克里克及威尔金斯共同获得了诺贝尔生理学或医学奖。

为了完成人类 DNA 的脱氧核糖核酸序列的测定，人类基因组计划于 20 世纪 90 年代展开。2001 年，人类基因组序列草图发表于 *Nature* 与 *Science*。

一、实验目的

1. 熟悉 DNA 作为遗传物质在生物体中的地位和作用。
2. 学习浓盐法从肝细胞中提取 DNA 的原理及操作技术。

二、实验原理与内容

DNA 在生物体内是以与蛋白质形成复合物的形式存在的。动物和植物组织的脱氧核糖核蛋白（DNP）可溶于水或浓盐溶液（如 1mol/L 氯化钠），但在 0.14mol/L 盐溶液中溶解度很低，而核糖核蛋白（RNP）则溶于稀盐溶液，利用这一性质可将 DNP 与 RNP 及其他杂质分开。

分离得到 DNP 之后，必须将其中蛋白质除去。用十二烷基硫酸钠（SDS）处理，使 DNA 与蛋白质分开；然后用氯仿-异戊醇乳化蛋白质，离心除去变性蛋白质，此时蛋白质凝胶停留在水相与氯仿相中间。根据 DNA 在有机溶剂中溶解度较低，利用乙醇从水相中抽提 DNA 丝状物。

在提取过程中应避免 DNA 降解，防止过酸或过碱，抑制脱氧核糖核酸酶的作用。全部过程在低温下（0℃左右）操作，必要时需加入抑制剂，如乙二胺四乙酸盐（EDTA）等。

三、实验材料与用品

1. 实验材料：新鲜肝脏。

2. 实验用品：匀浆器、剪刀、低速离心机、恒温水浴箱、制冰机、吹风机、刻度吸管、洗耳球、滤纸、玻璃棒、量筒、烧杯。

3. 试剂及其配制。

（1）无水乙醇。

（2）4mol/L 氯化钠溶液：取 11.7g 氯化钠用蒸馏水定容至 500mL。

（3）25% SDS 溶液。

（4）0.14mol/L NaCl-0.15mol/L EDTA 溶液（SE）：称取氯化钠 8.2g，EDTA 43.85g 加入蒸馏水中，加热溶解，定容至 1000mL，室温放置过夜，取上清备用。

（5）氯仿-异戊醇混合液：氯仿∶异戊醇=24∶1（体积比）。

四、实验操作步骤

（1）将兔子处死后，迅速剖腹取出肝脏，用预冷的 SE 溶液洗去血液，用滤纸吸干，称取 5g，剪碎（冰浴中进行），加入 15mL 预冷的 SE，置匀浆器中研磨（上下移动匀浆器，约 20 次），待研成均匀糊状后，将其离心（4000r/min，10min，室温）。

（2）弃上清，沉淀用 SE 洗一次，离心（条件同上）。

（3）弃上清，沉淀加入 SE 使总体积为 11mL，然后滴加 25% SDS 溶液 1.5mL，边加边搅拌，然后置 60℃水浴保温 10min，并不停地缓慢搅拌，溶液变得黏稠并略透明，取出后冷至室温。

（4）加入 4mol/L NaCl 溶液 4mL，此时 NaCl 最终浓度为 1mol/L，搅拌 10min。加入等体积氯仿-异戊醇混合液，缓慢颠倒 5min，离心（4000r/min，15min，室温）。

（5）小心取出上层 DNA 水相，量体积，将其加入 2.5 倍体积的无水乙醇中，边加边搅拌（置冰浴中），DNA 丝状物即缠绕在玻璃棒上（用冷风吹干）。

（6）将 DNA 丝状物取下，用无水乙醇洗一次，冷风吹干，保存。

【注意事项】

- 匀浆程度和次数需严格限制。匀浆目的是破坏细胞膜，避免破坏细胞核。
- 必须准确加入 SDS。
- 搅拌应小心，缓慢，避免将 DNA 丝状物打断。

五、实验结果与分析

观察从肝细胞中制备的DNA，初步判断其分离效果。

六、作业与思考

1. 比较DNA和RNA的生物学作用。
2. 结合DNA的结构特点，了解其双螺旋结构的生物学意义。

第二单元　生命的繁衍——细胞、遗传与进化

实验 5　显微镜下的生命体

生命的研究从细胞入手。生命既可以由一个细胞构成，又可以通过多细胞化形成复杂的多细胞生物。细胞的大小一般为 10～100μm，肉眼无法分辨，只有在显微镜下才能观察到。世界上第一台显微镜是荷兰眼镜制造匠人詹森（Zacharias Janssen）在 1590 年前后发明的，由一个凹镜和一个凸镜构成，放大倍数为 10～30 倍，但他并没有发现显微镜的真正价值；只有到了 1665 年，英国科学家罗伯特•胡克（Robert Hook）用显微镜观察软木切片，惊奇地发现其中存在着一个“单元”结构，胡克把它们称为“细胞”（cell），不过由于放大倍数太低，显微镜仍然没有真正显示出它的威力；1675 年，荷兰商人安东尼•冯•列文虎克（Anthony Von Leeuwenhoek）制造出了放大倍数为 300 倍的显微镜，他把显微镜对准一滴雨水、蝌蚪的一滴血液，让人们大开眼界，第一次看到微观世界千姿百态的生命体，列文虎克的研究工作，为生物学的发展奠定了基础，从而被吸纳为英国皇家学会的会员。显微镜的发明把一个全新的微观世界展现在人类的视野里，把人类的视觉从宏观引入微观，了解到生命体的细微结构，并且给医学界以极大的帮助，直接导致生物学、医学的飞跃发展。

一、实验目的

1. 了解普通光学显微镜的基本构造，并能正确使用普通光学显微镜。
2. 观察并比较植物、动物和微生物的活体细胞。
3. 采用组织装片观察比较植物、动物的基本组织。
4. 了解单细胞生物、多细胞生物，以及理解细胞是生命活动的基本单位。

二、实验材料与用品

1. 材料：野外采集的水样、细菌培养物，植物、动物的各类组织切片。
2. 用品：普通光学显微镜、解剖针、载玻片、盖玻片、毛细滴管、滤纸、擦镜纸、牙签、脱脂棉、接种环、酒精灯、亚甲蓝、苯酚复红（或草酸铵结晶紫）。

三、实验操作步骤

（一）了解普通光学显微镜的结构

1. 取出显微镜

从实验柜中取出显微镜时，应该右手紧握镜臂，左手托起镜座，使其平稳地置于实验台上的左前方（镜臂向前方，镜台面向自己），距桌子边沿 30mm 左右（图 5-1）。

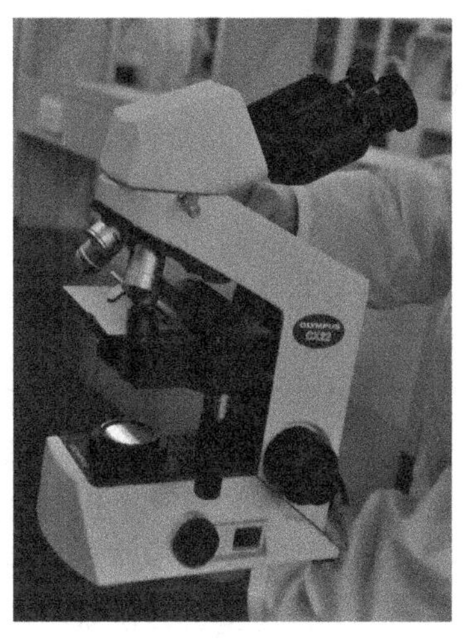

图 5-1　手持显微镜的正确方法

2. 显微镜结构（图 5-2）

（1）光学部分（成像系统）：包括物镜（4×，10×，40×，100×各 1 只），目镜（10×2 只），双目镜筒。

（2）机械部分（系统）：包括四孔镜头转换器（碟），粗准焦螺旋、细准焦螺旋（具调焦限位装置），镜台（载物台），标本移动器调节螺旋，镜臂，镜座。

（3）光源系统：内光源，虹彩光阑，聚光器。

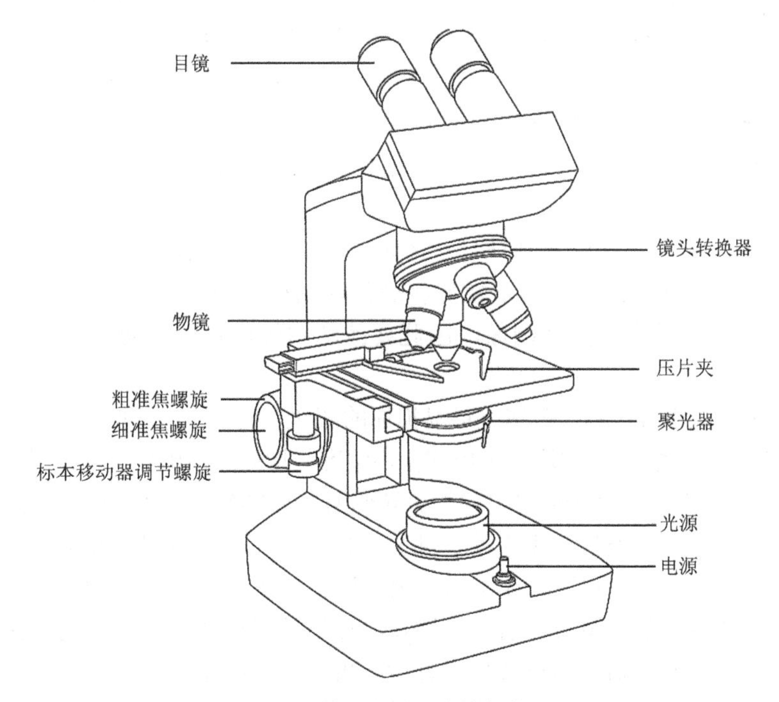

图 5-2　普通光学显微镜的构造

（二）显微镜的使用

用柿胚乳永久制片作为标本玻片来观察。可明显观察到柿胚乳细胞之间的胞间连丝。

（1）将电源插头插入插座，打开镜座右后方的电源开关，调节底座右侧方的亮度调节螺旋，向前方调节，亮度大；反之，亮度减小。

注意：使用结束后，只有将亮度减至最小时，方能关断电源开关，或拔下电源插头。还应注意，在电源插头插入前，必须确认供电电压是否与显微镜的额定电压一致，否则将严重烧坏仪器。

（2）转动粗准焦螺旋，使载物台下降。

（3）旋转镜头转换器，使 10×物镜对准载物台上的通光孔。

（4）调节瞳距，补偿光学筒长：双眼自然接近双目镜，拖动双目镜筒上镜筒盖板，直到双眼看到的两个光环完全重合为止，此时，再查看盖板上的瞳距，并旋转目镜筒，使镜筒刻度与瞳距一致，使光学筒长得到补偿。

注意：每个人的瞳距不同，因此在使用双目显微镜前，必须按个人的瞳距进行调整，并补偿光学筒长。

（5）玻片标本放置：安放标本玻片时，应将有盖玻片的一面朝上，平整地置于载物台上移动尺的夹紧器内，并使其卡住玻片两端。本实验用柿胚乳永久切片标本。

（6）调焦：由于 10×物镜的焦点深度较长，视场较大，易找到图像，因此，通常用 10×物镜调焦。拧动粗准焦螺旋，使工作台下降至能清晰地看到图像为止。

（7）低倍镜下，只能看到玻片标本的概况，如果所需观察部位在视野的一侧，则用载物台横向或纵向调节螺旋将玻片移到视野中央。在移动玻片位置时，应注意显微镜中所成的像是倒像，因此要改变图像位置时，向相反的方向移动玻片。

（8）细准焦螺旋：是显微镜上最易损坏的部件之一，应尽量保护，一般在低倍物镜观察时，只用粗准焦螺旋，不用或少用细准焦螺旋。使用高倍物镜时，如需用细准焦螺旋，应顺时针或逆时针方向轻微转变细准焦螺旋，其扭转度不大于半圈。

（9）需详细观察玻片标本中某一部分结构时，首先将拟观察部位移至视野中央，再转换高倍物镜并观察。如不够清晰，用细准焦螺旋钮适度调节，直到清晰为止。如果转换高倍物镜后，看不到图像，则可能是所观察的图像没有在视野中央，需再转换为低倍物镜调整玻片位置后，再重复上述操作。

注意：在变换倍率时，切勿直接扳动物镜镜头，应该通过转动镜头转换器来变换倍率。否则会使镜头松动脱落损坏，影响显微镜的光学性能。

（10）当图像出现后，根据图像的明暗程度调节孔径光阑，以获得最佳衬度的图像。同时调节聚光镜升降螺旋，以调节聚光镜与被观察标本之间的距离，最终获得最佳的亮度。

（11）油镜使用：100×物镜在不使用浸油的情况下，也可以看到图像，但要发挥100×物镜的效力，应在玻片标本与物镜之间加香柏油或非树脂合成浸油。

在本实验课中，不使用油镜（100×物镜），在其他实验课中，将详细讲授其操作程序。

【注意事项】

●换装片时，要先将高倍镜移开通光孔，然后取下或装上装片，严禁在高倍镜使用的情况下取下或装上装片，以免污染、磨损物镜。

●在观察临时装片时，标本需加盖盖玻片，并用吸水纸吸去盖玻片上多余的液体，擦去载玻片上的液体，然后再进行观察。严禁不加盖玻片或在载玻片有余液的情况下进行观察。

●机械部分上的灰尘，应随时用纱布擦拭。目镜、物镜、聚光镜擦拭时，必须用专用的擦镜纸擦拭，严禁用手直接接触镜头或用纱布擦拭。如有油污，可先用擦镜纸蘸取专用的镜头清洁液擦拭，然后再用干擦镜纸擦拭。如遇故障，必须报告指导教师解决。

（12）观察结束。

1）正常情况下，显微镜使用结束后，应先将亮度旋扭调至最小，再关电源开关，最后拔下电源插头。

2）转动粗准焦螺旋，将载物台降至最低位置。

3）取下玻片标本，用纱布将载物台及机械系统擦拭干净，并将物镜旋转成“八”字形，垂挂在转换器下，以免物镜镜头下落与聚光器碰撞而损坏透镜。

4）罩上防尘罩，收入显微镜柜（盒）中。

（三）显微镜下的活体细胞观察

1. 水中单细胞浮游生物的观察

（1）用吸管吸取采集水样，滴一滴在载玻片中央（滴水尽量少些，使细胞活动减慢），用镊子夹取盖玻片，当其一边接触水滴后，才轻轻放下盖玻片，并用吸水纸吸去盖玻片周围多余的水分。

（2）将玻片放在显微镜下，先在低倍镜下观察，再转到高倍镜下观察。注意重点观察水样中的单细胞浮游藻类和原生动物。

（3）水样中的藻类主要有硅藻、绿藻、蓝藻、隐藻、金藻、甲藻、裸藻等，观察浮游藻类的形态，同时对照资料识别其种类，并根据浮游藻类的种类初步判断河水的洁净程度。

（4）原生动物主要有草履虫、绿眼虫、变形虫等，观察其形态结构并对照资料识别。

2. 细菌简单染色及观察

（1）涂片：在一块载玻片中央滴一小滴蒸馏水，用接种环以无菌操作分别从长有细菌的平板上挑取少许细菌菌落在水滴中充分混匀，涂成薄膜。

（2）加热固定：将菌液面朝上，在酒精灯火焰上过 2～3 次，加热固定的目的是使细菌细胞质快速凝固，使之牢固附着在载玻片上，保持细胞形态。

（3）染色：滴加染液于菌膜上，染液不宜过多，以刚好覆盖涂片上的薄膜为最佳宜。通常草酸铵结晶紫亚甲蓝染色 1～2min，苯酚复红（或草酸铵结晶紫）染色约 1min。

（4）水洗：倒去玻片上的染液，用缓流自来水冲洗涂片，特别注意不要直接冲洗菌膜所在区域。冲洗时将载玻片倾斜，使水滴在载玻片高的一端无菌膜的区域，然后从另一端流出，到涂片上流出的水为无色时停止冲洗。水洗时水流不宜过急、过大，避免涂片上薄膜脱落。

（5）干燥：在空气中自然干燥或用吹风机吹干。

（6）镜检：待玻片上菌膜区域完全干燥后方可镜检。先在低倍镜下的视野中找到菌膜所在区域，然后逐级换物镜镜头，最后用油镜可清晰观察细菌细胞形态。

（四）多细胞生物的组织观察

1. 植物组织的观察

（1）分生组织：具有分裂能力的细胞群称为分生组织，位于植物的特定部位，如根尖、茎尖，按其性质不同，可分为原分生组织、初生分生组织和次生分生组织。取蚕豆或洋葱根尖纵切片，置于显微镜下观察，找到根的分生区（位于根的最顶端根冠以上部位），注意观察细胞是否处于分裂旺盛的时期。取椴树茎横切片，找到维管形成层和木栓形成层，观察可见其形成层细胞为多层长方形、排列紧密的细胞层，它们的活动与根、茎加粗和形成次生保护组织有关。

（2）薄壁组织：植物体各种器官都具有基本组织，基本组织的细胞壁较薄，只有薄的初生壁，而无次生壁，故称薄壁组织。取棉花叶横切片进行观察，可见上、下表皮之间的长柱形和近等直径的薄壁细胞，其内充满了叶绿体，也称同化组织。

（3）机械组织：是指对植物体起支撑作用的组织，其主要特征是细胞壁局部（厚角组织）或全部（厚壁组织）增厚。

1）厚角组织：细胞具初生壁，且不均匀增厚的生活细胞。取芹菜叶柄横切片观察，在表皮下有一团层细胞，每一细胞的角隅处增厚，非角隅处细胞壁是薄壁的，几个细胞相连处无胞间隙，即为厚角组织。

2）厚壁组织：细胞具有均匀增厚的次生壁，并常木质化，细胞成熟时原生质体已死亡分解。根据细胞形态，可以分为两类。石细胞：观察梨果实装片，可见短轴形细胞，其细胞腔小、壁厚，壁上常具分枝的纹孔道，即石细胞，常成群存在。纤维：取木材浸离装片进行观察，许多被染成红色的、两端尖细，长梭形，长度比宽度大若干倍的细胞，即纤维。

（4）输导组织：是长途输导水分、无机盐和有机化合物的组织。其中运输水分和无机盐的细胞是木质部的导管和管胞，运输有机化合物的细胞是韧皮部的筛管和伴胞。

1）导管：取南瓜茎纵切片进行观察，在表皮以内的许多粗细不同的管状细胞，其壁上有被染成红色的各种式样的木质化增厚，呈现出环纹、螺纹、梯纹、网纹和孔纹的类型，这些管状细胞即为导管。

2）筛管和伴胞：取南瓜茎纵切片观察，南瓜茎为双韧维管束，即韧皮部位于木质部的左右两侧。注意观察在导管（红色的管状细胞）的两侧，有被染成绿色的长形管状细胞，在其上、下端壁上分化出许多较大的孔，即筛孔，粗大的原生质联络索穿过筛孔，使上、下邻接的筛管分子的原生质体相连，具筛孔的端壁即为筛板。在筛管侧面有多个细长的、具一大核的薄壁细胞，即伴胞。

2. 动物组织的观察

（1）上皮组织：由上皮细胞和少量细胞间质组成。上皮组织的细胞排列紧密，形状规则，并有极性。其一极朝向表面或管腔面称为游离面，另一极为基底面，其下有基膜与结缔组织相连。上皮组织分为两类：被覆上皮和腺上皮。被覆上皮可排列成一层（单层上皮）或多层（多层上皮），覆盖在身体表面或作为管道或囊腔的内壁，分别具有吸收、分泌、保护等作用。根据组成上皮组织的细胞形态，单层上皮由一层细胞组成，可分为单层扁平上皮、单层立方上皮、单层柱状上皮、假复层纤毛柱状上皮。复层上皮由多层细胞组成，包括复层扁平上皮和变移上皮。取上皮组织各种类切片观察，比较其异同。

1）单层扁平上皮：单层扁平上皮表面观，先在低倍镜下选择标本最薄的部分观察，可见黄色或淡黄色的背景上显现出黑棕色或黑色的波形线，这是细胞之间的边界。

高倍镜观察，可以看到细胞为多边形，细胞边缘呈锯齿状，相邻细胞彼此相嵌。细胞核扁圆形，无色或淡黄，位于细胞中央。

2）单层立方上皮（兔甲状腺切片）：低倍镜观察，可看到许多大小不等、圆形或椭圆形的红色甲状腺滤泡。高倍镜观察，滤泡壁由1层立方体形上皮细胞构成，核圆形、蓝紫色，位于细胞中央，细胞质粉红色。

3）单层柱状上皮（猫小肠横切片）：低倍镜观察，可见黏膜面形成许多指状突起，突向管腔，突起表面覆有1层柱状上皮。高倍镜观察，可见上皮细胞为柱状，核长椭圆形、蓝紫色，靠近细胞的基底部。把虹彩光圈缩小，减少光量，可见细胞的游离面有1层较亮的粉红色膜状结构，称为纹状缘。

4）假复层纤毛柱状上皮（兔气管横切片）：高倍镜观察，可见气管内表面的细胞排列紧密，彼此挤压，细胞形状很不规则。细胞一端都与基膜相连，但另一端，有的细胞达上皮游离面，有的未达游离面，细胞核位置高低不等，以致整个上皮似复层细胞组织。注意观察锥形细胞、梭形细胞、具纤毛的柱状细胞及杯状细胞的排列位置。

5）复层扁平上皮（猫食管横切片）：横切面呈扁圆形，管壁靠管腔的部分为复层扁平上皮。与基膜相连的是1层排列整齐的短柱状细胞，细胞核圆形。中层为几层多角形细胞，排列不整齐，核变得扁平。接近表面的细胞变为扁平状，核呈长梭形。

6）变移上皮[兔膀胱（收缩时和充盈时）切片]：高倍镜观察，可见收缩状态的膀胱上皮有多层细胞，表层细胞较大，呈宽立方体形，游离面呈弧形，靠游离面的细胞质着色深。核大，卵圆形，有的细胞可看到双核。中间几层为多角形或倒梨形细胞。基部细胞小，呈矮柱状，排列较密。膨胀状态的膀胱上皮变薄，细胞层次减少，有时只有2层，细胞呈扁平或梭形。

（2）肌肉组织：由肌细胞组成。根据形态和功能，可分为骨骼肌、心肌和平滑肌三类。分别取这三类组织观察。

1）骨骼肌纵横切片的观察情况如下。

纵切：先用低倍镜观察，可见骨骼肌为长条形肌纤维，在肌纤维间有染色较淡的结缔组织。在高倍镜下，单个骨骼肌纤维呈长圆柱形，其表面有肌膜，肌膜内侧有许多染成蓝紫色的卵圆形的细胞核。肌原纤维上有明暗相间的横纹，即明带和暗带。

横切：先低倍镜，后高倍镜观察，可见肌纤维呈多边形或不规则圆形，外有肌膜，细胞核卵圆形紧贴肌膜内侧。肌原纤维呈小红点状，在肌浆内排列不均匀，所以在横切面上呈现小区。

2）心肌纵横切片：高倍镜观察，在纵切面上，心肌纤维彼此以分支相连，核卵圆形，位于心肌纤维中央。可看到心肌纤维的横纹，但不及骨骼肌明显。在横切面上，由于切片的关系，有的有核，有的无核。

3）平滑肌纵横切片：高倍镜观察蛙的平滑肌分离装片，可见分离的平滑肌纤维呈长梭形，核长椭圆形，位于细胞中部，在常规染色标本上肌原纤维看不清楚。

高倍镜观察猫的小肠横切片，可见小肠壁平滑肌横切面呈大小不等、不规则的红色圆点，有的中央有染成蓝紫色圆形的核，有的见不到核。

（3）神经组织：由神经细胞（神经元）和神经胶质细胞组成。神经元由胞体和胞突（树突和轴突）两部分组成。取兔脊髓横切片观察。

1）低倍镜观察：将玻片置显微镜下，脊髓灰质前角移至视野中央，观察神经元。在前角内有许多较大的多突起细胞即脊髓前角运动神经元，为多极神经元。神经元胞体上的突起包括树突和轴突，但不易区分，一般可根据轴突基部的轴丘处染色较浅（无尼氏体）来识别轴突。选择一个胞体较大、突起较多、核较清晰的神经元移至视野中央。

2）高倍镜观察：核大，呈囊泡状，居细胞中央，核内有染色较深的核仁。

（4）结缔组织：由结缔组织细胞和大量的细胞间质构成，广泛分布于身体各部，种类多，形态多样。根据性质和成分可分为疏松结缔组织、致密结缔组织、脂肪组织、网状结缔组织。骨、软骨、血液、肌腱、筋膜等均为结缔组织。取各类结缔组织切片观察。

1）疏松结缔组织：小白鼠皮下疏松结缔组织铺片。可见粗细不等的细带状纤维及多种细胞。

2）致密结缔组织：猫的尾腱纵切片。先低倍镜后高倍镜观察。胶原纤维束粗而直，彼此平行排列。腱细胞在纤维束间排列成单行，切面上呈长梭形。核椭圆形或杆状，蓝紫色，两个邻近细胞的核常常靠近。细胞质不易显示。

3）网状结缔组织：猫淋巴结纵切片。高倍镜观察，网状纤维呈黑色，粗细不等，分支交织成网，网状细胞为星状有突起的细胞，相邻细胞以突起相连成网状。

4）脂肪组织：猫气管横切片。低倍镜观察，在气管最外面一层的疏松结缔组织中可看到密集成群的圆形或多角形的空泡，即脂肪细胞（胞质内的脂肪滴在制片过程中被乙醇及二甲苯溶解）。在成群脂肪细胞之间有疏松结缔组织分隔。高倍镜观察，可见核为扁圆形或半月形，偏于细胞的一侧。

5）人血涂片标本（瑞氏染色）的观察：红细胞数量最多，小而圆，无细胞核；白细胞数量比红细胞少，但胞体大，细胞核明显，极易与红细胞区别开；血小板为形状不规则的细胞小体，其周围部分为浅蓝色，中央有细小的紫色颗粒，常聚集成群，分布于红细胞之间。高倍镜下一般只能看到成堆的紫色颗粒。

四、作业与思考

1. 在普通光学显微镜使用过程中应特别注意哪些问题？
2. 在野外采集的水样中，发现了哪几种浮游生物？
3. 通过观察比较，如何理解多细胞化在进化上的积极意义？

实验 6 密度梯度离心法分离叶绿体

在 21 世纪，人类所面临的主要挑战中，粮食和环境问题是非常重要的两个问题，而这两个问题都涉及植物中的叶绿体及其进行的光合作用。地球上所有绿色植物通过进行光合作用为人类贡献的生物能源产量高达 2200 亿吨/年，相当于全球每年能耗的 10 倍，为地球上大多数生物提供了必需的能源。同时叶绿体还承担了回收大气中 CO_2 的重要作用，因此，一直以来对叶绿体及光合作用的研究受到了世界的广泛关注。

一、实验目的

1. 了解叶绿体微观形态。
2. 学会实验室初步分离叶绿体的方法。
3. 通过观察叶绿体的自发荧光学习荧光显微镜的原理和使用方法。

二、实验原理与内容

在完整植物活细胞中，叶绿体是光学显微镜下最容易观察到的细胞器，但在实验室将叶绿体成功地从植物细胞中完整分离出来会面临一些困难。与动物细胞不同，植物细胞膜外有细胞壁和液泡，在匀浆裂解植物细胞壁的同时，液泡中贮存的有毒物质（如水解酶等）就会释放出来，破坏叶绿体；同时在高速离心过程中，叶绿体中淀粉积累形成的致密颗粒也容易导致叶绿体破裂。因此，在实验室分离叶绿体时，为了克服以上的困难，应注意选择恰当的实验方法和最佳的实验材料。菠菜叶和豌豆叶是实验室常用来分离叶绿体的最佳材料。

本实验分离植物细胞叶绿体采用密度梯度法，实验中先用浓度不同的两种蔗糖溶液制成不连续密度梯度的蔗糖溶液，然后在一定速度下进行高速离心，离心的结果是叶绿体和比它沉降系数小的细胞组分集中到梯度交界处，而沉降系数较大的细胞组分沉到离心管底部，因此可以将叶绿体和其他细胞组分初步分离开来。

利用荧光显微镜对可发荧光的物质可以直接进行观测，因为叶绿体富含的叶绿素受绿光激发后可发出红色荧光，很容易观察到。利用荧光显微镜对可发荧光的物质进行检测时，会受到温度、光淬灭剂等诸多因素的影响，因此，做好装片后最好立即进行荧光显微镜观察，抓紧时间拍照，防止荧光淬灭导致观察失败。

三、实验材料与用品

1. 材料：新鲜菠菜或豌豆叶。

2. 实验用品和主要试剂：高速离心机，荧光显微镜，匀浆机等；500g/L 蔗糖溶液，150g/L 蔗糖溶液。匀浆溶液：0.25mol/L 蔗糖，0.05mol/L Tris-HCl 缓冲液，pH 7.4（实验前预冷到 0℃）。

四、实验操作步骤

（1）取新鲜菠菜叶，洗净，用滤纸吸干多余水分，去除叶柄、主叶脉后，称取 2～3g，剪碎。

（2）将剪碎的菠菜叶子放入豆浆机中，再加入事先预冷的匀浆溶液 10mL，高速匀浆 2min。

（3）将匀浆液体倒入覆盖有两层纱布的漏斗中进行过滤，过滤液体接入干净小烧杯中。

（4）将小烧杯中的液体移入 10mL 离心管，500r/min 低速离心 10min 后取出。

（5）制作蔗糖密度梯度溶液。取一个干净 1.5mL 离心管，先加入 500g/L 蔗糖溶液 0.5mL，再沿着离心管壁缓缓加入 150g/L 蔗糖溶液 0.5mL，加入过程中注意不能搅动 500g/L 蔗糖液面。

（6）沿离心管壁小心缓慢地加入 0.5mL 步骤（4）离心后的上清液。

（7）离心 20min，转速 8000r/min。

（8）取出离心管，可在密度梯度溶液中看见叶绿体形成的绿色条带。

（9）用 200μL 吸头轻轻插入叶绿体所位于的位置，小心吸出 1 滴叶绿体悬液，滴于载玻片上，盖上盖玻片（此过程中尽量不要有气泡出现）。

（10）在荧光显微镜下观察。先用普通光镜观察叶绿体，可以看见呈橄榄型的绿色叶绿体，再换用绿光激发，可以看见叶绿体发出的自发红色荧光。

五、实验结果与分析

在实验报告中描绘你观察到的叶绿体形态，根据实验结果对如何成功分离植物细胞叶绿体的方法进行分析。

六、作业与思考

1. 采用蔗糖密度梯度离心法获得的叶绿体是否是纯净无杂质？请分析原因。

2. 为什么菠菜叶和豌豆叶是分离叶绿体的最佳材料？

实验7　微生物的分离、纯化与观察

微生物是一类个体微小、结构简单、肉眼难以看清的生物，绝大多数为单细胞，也包括无细胞结构的病毒。微生物与普通动植物相比，有很多不同之处：一方面，微生物细胞与动植物细胞有着很大区别，微生物细胞之间相互独立，每个细胞是一个生命体，能独立完成生命过程，而动植物细胞在自然条件下是不能单独存活的，只能作为多细胞结构的一个部分存在；另一方面，大多数动植物的研究利用都能以个体为单位进行，而微生物由于个体微小，在绝大多数情况下都是利用群体来研究其属性。微生物学中，在人为条件下培养繁殖的微生物群体称为培养物（culture），而只有一种微生物的培养物称为纯培养物（pure culture）。由于在通常情况下纯培养物能较好地被研究、利用和重复再现，因此把特定的微生物从自然界混杂存在的状态中分离、纯化出来的纯培养技术是进行微生物学研究的基础。单个微生物细胞在适宜的固体培养基表面或内部生长繁殖到一定程度，形成肉眼可见的、有一定形态结构的子细胞生长群体，称为菌落（colony），可以此而获得纯种。不同微生物在特定培养基上生长形成的菌落一般都具有稳定的特征（形态、大小、颜色等），可以成为对该微生物进行分类、鉴定的形态学依据。大多数细菌、酵母菌，以及许多真菌和单细胞藻类都能在固体培养基上形成独立的菌落，因此采用适宜的平板分离法很容易得到纯培养物。最常用的分离、培养微生物的固体培养基是琼脂固体培养基平板。这种由微生物学奠基人之一、德国科学家 Koch 建立的纯培养技术简便易行，100多年来一直是菌种分离的最常用手段。

一、实验目的

1. 掌握平板技术的要领和几种分离纯化微生物的基本操作方法。

2. 通过观察培养平板上的不同微生物菌落，了解细菌、放线菌、酵母菌和霉菌群体的主要形态学特征。

二、实验原理与内容

固体培养基是在液体培养基中加入琼脂等固化剂而制备的固态培养基，熔化的固体培养基倒入无菌平皿冷却凝固后的形态，称为培养平板（culture plate），简称平板。平板划线分离法、涂布平板法、稀释倒平板法和稀释摇管法是实验室分离和纯化微生物的常规方法。在分离纯化过程中，一般是根据特定某种微生物对营养成分、酸碱度、氧分压等条件的不同要求，提供适宜的培养条件，或加入某种抑制其他菌生长而利于此菌生长的抑制剂，再用常规方法进行分离，从而得到纯培养物。

三、实验材料与用品

1. 培养基：LB 琼脂培养基、淀粉琼脂培养基、改良沙氏琼脂培养基。

2. 仪器和其他用具：无菌玻璃涂布棒、10mL 无菌吸管、接种环、无菌培养皿、试管、烧杯、磁力搅拌器、1mL 微量移液器及吸头。

四、实验操作步骤

1. 制备 10 倍稀释系列土壤溶液

称取土壤 1g 于盛 100mL 无菌水并带有磁力搅拌子的烧杯中，放于磁力搅拌器上振摇 10min，制得均匀的 10^{-1} 土壤悬液。用 1mL 微量移液器吸取 0.5mL 10^{-1} 浓度的土壤悬液注入盛有4.5mL 无菌水的试管中并吹吸 3 次，使充分混匀即成 10^{-2} 的菌悬液，以此类推制备 10^{-3}、10^{-4} 和 10^{-5} 稀释度的土壤悬液。

注意：操作时吸头不能接触液面，每一稀释度换用新的吸头，每次吸入土壤悬液后，要将移液器插入液面，吹吸 3 次，每次吸上的液面要高于上一次，以减少稀释中的误差。

2. 涂布平板

已准备好的 3 种培养基，每种取 3 个平板，在平板底面分别用记号笔标记为 10^{-3}、10^{-4} 和 10^{-5}，然后用 1mL 微量移液器分别由 10^{-3}、10^{-4} 和 10^{-5} 土壤稀释液中各吸取 0.1mL 对号放入已写好稀释度的平板中，用无菌玻璃涂布棒在培养基表面轻轻地涂布均匀。室温下静置 5min，使菌液充分吸附进培养基，然后将平板倒置。

3. 培养

LB 培养基平板在 37℃培养箱中倒置培养 24～48h，淀粉琼脂培养基、改良沙氏琼脂培养基平板在 30℃培养箱中倒置培养 5～7d。

4. 观察菌落特点

将培养好的平板进行观察分析，观察并记录不同平板中微生物的菌落特点。

五、实验结果与分析

1. 观察 LB 培养基平板上的微生物菌落特征（选取 3 个典型菌落），填入表 7-1。

表 7-1 LB 培养基上的微生物菌落特征

特征	菌落 1	菌落 2	菌落 3
大小			
形态			
表面			
边缘			
颜色			

2. 观察淀粉琼脂培养基平板上的菌落特征（选取 3 个菌落特征），填入表 7-2。

表 7-2 淀粉琼脂培养基上的微生物菌落特征

特征	菌落 1	菌落 2	菌落 3
大小			
形态			
表面			
气生菌丝颜色及状态（粉状、绒粉状或短毛状）			
基内菌丝的颜色			

3. 观察改良沙氏琼脂培养基平板上的菌落特征（选取 3 个菌落特征），填入表 7-3。

表 7-3 改良沙氏琼脂培养基上的微生物菌落特征

特征	菌落 1	菌落 2	菌落 3
大小			
形态			
表面			
气生菌丝颜色及状态（粉状、绒粉状或短毛状）			
基内菌丝的颜色			

六、作业与思考

1. 以下词汇是关于细菌、放线菌、酵母菌和霉菌的菌落特征描述，请根据实验观察填写所描述的微生物种类。

(　　)：湿润黏稠，易挑起，一般形成较小的圆形菌落，颜色有白色、黄色等，表面光滑或不光滑。

(　　)：干燥，多皱，难挑起，菌落较小，多有色素。

(　　)：湿润，黏稠，易挑起，表面光滑，菌落较大而厚。

(　　)：菌丝细长，菌落疏松，成绒毛状、蜘蛛网状、棉絮状，菌落大型，肉眼可见许多毛状物，棕色、青色、黄色、红色等，多有光泽，不易挑起。

2. 从土壤中分离得到细菌菌落有哪些特点？

实验 8　细菌的革兰氏染色

细胞染色是微生物学实验的基本技术。由于细菌微小，加之它与周围环境的光学性质相近，从而用普通光学显微镜不易观察清楚。染色方法可以增强细菌和环境间的反差，经染色后的细菌细胞与背景形成鲜明的对比，在显微镜下更容易识别。染料发色团为阳离子的称为碱性染料，反之称为酸性染料。由于在一般生理条件下（pH 7.2 左右）细菌菌体带负电荷，因此常用碱性染料进行染色。常用的碱性染料有：亚甲蓝、结晶紫、碱性复红、孔雀绿等。当细菌分解糖类产酸使培养基 pH 下降时，细菌所带正电荷增加，此时可用伊红、酸性复红或刚果红等酸性染料染色观察。

染色法分为单染色和复染色两大类。单染色法即仅用一种染料着色，所有细菌均被染成一种颜色，可用来观察细菌的形态，但无鉴别细菌的作用；复染法又称鉴别染色法，通常用两种或两种以上染料着色，由于细菌细胞结构组成的不同，对染料的着色能力不同而被染成不同的颜色，因而可以起到鉴别不同细菌的作用。革兰氏染色是复染色法，所用染料为结晶紫和酸性复红（或沙黄）两种染料。采用革兰氏染色法可将细菌分为两大类：染色后保留结晶紫着色的细菌称为革兰氏阳性菌（G^+），染色后保留酸性复红（或沙黄）着色的细菌称为革兰氏阴性菌（G^-）。革兰氏染色法发明于 1884 年，根据其发明人 C.Gram 而命名，这是微生物学上极其重要的一种鉴别细菌的染色法，是细菌分类和鉴定的基础。

一、实验目的

1. 熟悉细菌的革兰氏染色法的操作步骤和要领。

2. 学习用油镜观察染色后的细菌形态。

二、实验原理与内容

革兰氏阳性菌和阴性菌的细胞壁化学成分与结构的差异决定了两类细胞染色结果的不同：通过结晶紫初染和碘液媒染后，在细胞膜内形成了不溶于水的结晶紫与碘的复合物。但革兰氏阳性菌由于其细胞壁较厚、肽聚糖网层次多和交联致密，当用乙醇脱色时，细胞壁因失水网孔缩小，再加上不含类脂，故乙醇处理不会使其溶解产生缝隙，因此能把结晶紫与碘的复合物牢牢留在壁内，呈紫色；反之，革兰氏阴性菌因其细胞壁薄、外膜层的脂类含量高、肽聚糖层薄和交联度差，用乙醇脱色后，以类脂为主的外膜迅速溶解，薄而松散的肽聚糖层不能阻挡结晶紫与碘复合物的溶出，从而使细胞壁变成无色。当第二种染料（沙黄或酸性复红）对两种细胞进行复染后，革兰氏阴性菌最终呈现红色，而革兰氏阳性菌则仍保留紫色（或紫红色）。

三、实验材料与用品

1. 菌种：金黄色葡萄球菌、大肠埃希氏杆菌 24h 液体培养物各 1 支。

2. 试剂：结晶紫、碘液、95%乙醇、酸性复红（或沙黄）各 1 瓶、香柏油、二甲苯各 1 瓶。

3. 其他：普通光学显微镜、擦镜纸、吸水纸、载玻片、微量移液器（200μL）、移液器吸头、接种环、酒精灯。

四、实验操作步骤

1. 涂片

取载玻片一张，用微量移液器将待用的菌体液体培养物取 200μL 放于载玻片中央，并用接种环均匀涂布成直径 0.5～1cm 大小的薄菌膜。

2. 干燥

涂片置于空气中，使其自然干燥，或用吹风机冷风助其干燥。

3. 固定

将干燥后的涂片在酒精灯火焰上方快速往复 3 次，使细菌黏于载玻片上，染色和水冲时不易脱落，且细菌可保持完整形态。

4. 染色

（1）初染：加结晶紫染液于涂片标本上，使其覆满标本，染色 1～2min，用水缓和冲洗。

（2）媒染：加卢戈氏碘液染 1min，用水缓和冲洗。

（3）脱色：加 95%乙醇于载玻片上，脱色约 30s，倾去乙醇，用水缓和冲洗至水流变为无色。

（4）复染：加酸性复红或沙黄复染约 1min，用水缓和冲洗多余染料，待其自然干燥或用吸水纸轻轻吸干标本周围水分。

（5）镜检：在 10×或 40×物镜下找到观察物后，滴 1 滴香柏油于观察物上，用 100×的高倍物镜观察染色结果及细菌形态。

五、实验结果与分析

分别绘出金黄色葡萄球菌和大肠埃希氏杆菌的形态（或照片），并注明染色结果，根据结果判断其类别，并填入表 8-1。

表 8-1　革兰氏染色结果

	金黄色葡萄球菌	大肠杆菌
显微镜下形态		
细菌染色后颜色		
革兰氏菌类型（阳性或阴性）		

六、作业与思考

1. 革兰氏染色中哪一步骤可以省略而不影响结果的判定？

2. 革兰氏染色操作步骤中哪些步骤的失误可能导致假阳性或假阴性结果（即 G^+或 G^-染色后会呈现相反的颜色）？

实验 9　发酵食品的制作

工业生产上，凡是利用微生物生产商业化产品的行为，都可以称为发酵。利用微生物获得工业产品有两种方式，一是直接以微生物细胞体本身作为产品，另一种则是以微生物代谢产物作为产品，前者如酵母蛋白（单细胞蛋白）、利用微生物的食物制造、烘焙和酿造；后者如酶、抗生素、维生素、氨基酸、柠檬酸、生物燃料（乙醇、生物柴油）、乙醇饮料等。工业上常用的微生物是真菌（酵母菌和霉菌）及原核生物中的特定菌，尤其是放线菌中的链霉菌属。

一、实验目的

1. 熟悉制作酸奶的操作步骤和要领。
2. 了解酸奶发酵的原理。

二、实验原理与内容

酸奶是以鲜牛奶为原料，经添加乳酸菌发酵后冷却灌装的一种奶制品。其原理是乳酸杆菌将牛奶中的乳糖分解成乳酸，同时因为 pH 的改变，蛋白质在其等电点附近发生凝集，所以牛奶就由液态变成了半凝固状态的酸奶。制作酸奶常用的乳酸菌菌种是保加利亚乳杆菌和嗜热链球菌的混合菌种，嗜热链球菌为微需氧菌，最佳生长温度为 40～45℃，保加利亚乳杆菌为为厌氧菌，最佳生长温度为 40～43℃。

三、实验材料与用品

1. 菌种来源：市售优质原味酸奶 50mL。
2. 牛奶：市售巴氏灭菌新鲜牛奶 500mL。
3. 其他用品：可密封食品容器（材质可以为玻璃、陶瓷、不锈钢、塑料等）；灭菌锅或普通大容量锅具；40℃培养箱。

四、实验操作步骤

（1）容器灭菌处理：将带盖容器放入灭菌锅或普通锅中加水煮开 10min。

（2）将牛奶和酸奶按 10∶1 的比例混合放入灭菌后的容器中，搅匀后立即盖上盖子。

（3）将容器放入 40℃恒温培养箱中过夜培养（8～10h）。

（4）取出后，有条件的话立即放入冰箱冷藏室冷藏 2h 以上再饮用，也可直接饮用。

【注意事项】

（1）所用器具必须进行严格灭菌处理，但不能用化学消毒剂，加热消毒是最安全的方法。

（2）所用菌种在无氧条件下更利于发酵，因此容器密封性要求较高。

（3）发酵温度过高（高于45℃）会杀死酵母菌，过低（低于40℃）又会造成发酵缓慢。

（4）冷藏既可及时终止乳酸发酵，避免过酸，又利于酸奶的后熟，故酸奶制作完成后冷藏再食用，味道更佳。

五、作业与思考

为什么制作酸奶所用容器及器材必须进行严格的消毒灭菌？

实验10　PCR扩增活细胞Y染色体的睾丸决定基因

性别是一种特殊的性状，男女性别的差异由性染色体决定。遗传学研究发现，不同男女个体的体细胞中，不仅含有22对常染色体（每对形态相同），还含有2条在不同性别个体中有差异的染色体，即性染色体。女性所含2条相同的性染色体，称“XX”，男性所含2条不同的性染色体，称“XY”。

性别决定基因（sex-determining region Y，SRY）存在于Y染色体的短臂上，为雄性的性别决定基因。针对SRY基因的性别检测能够做到特异、快速地判定性别结果。SRY基因的检测不仅可以用于检测男性性反转综合征、预防甲型血友病与G6PD缺乏症等X染色体连锁隐性遗传病患儿的出生，也可用于检查大量样本的运动员体检及刑侦法医学，具有广泛的实际应用价值。

一、实验目的

1. 掌握引物设计软件的使用方法。
2. 学习并掌握PCR反应的原理及操作技术。
3. 熟练掌握琼脂糖凝胶电泳检测PCR产物的原理。

二、实验原理与内容

聚合酶链反应（polymerase chain reaction，PCR）是一种特异性体外扩增DNA或RNA的方法，包括3个基本步骤：①变性（denature）：目的双链DNA片段在94～95℃下解链；②退火（anneal）：一对寡聚核苷酸引物在退火温度下与模板上的目的序列形成互补碱基对；③延伸（extension）：在72℃下，利用*Taq* DNA聚合酶，以目的DNA为模板进行合成。由这3个基本步骤构成一轮PCR循环，理论上每一轮PCR循环将使目的DNA扩增一倍，这些新合成的DNA又可作为下一轮PCR循环的模板，所以经25～35轮PCR循环就可使DNA扩增达10^6倍。

PCR结束后，利用琼脂糖凝胶电泳分离鉴定DNA片段是一种标准方法。利用低浓度的4S Red Plus核酸染色剂（4S Red Plus nucleic acid stain）进行染色，在紫外光下可以检出1～10ng的DNA条带，从而可以确定DNA片段在凝胶中的位置。

三、实验材料与用品

1. 实验材料：新鲜活细胞。

2. 实验用品：匀浆器；EP管；PCR仪；冷冻离心机；烘箱；制冰机；研钵；微量移液器一套（1000μL、200μL、10μL）；水平电泳槽、电泳仪。

3. 试剂及其配制。

PCR反应混合液：总体积25μL，试剂包括0.5μL细胞样本，2μL 2.5mmol/L dNTP，2.5μL 10×PCR缓冲液（包含15mmol/L $MgCl_2$），0.2μL *Taq*聚合酶和17.8μL超纯水。

SRY基因外侧引物两条，P1：5′-CAGTGTGAAACGGGAGAAAACAGT-3′；P2：5′-GTTGTCCAGTTGCACTTCGCTGCA-3′各1μL。

SRY基因内侧引物两条，P3：5′-CATGAACGCATTCATCGTGTGGTC-3′；P4：5′-CTGCGGGAAGCAAACTGCAATTCTT-3′各1μL。

四、实验操作步骤

1. 活细胞的第一次PCR扩增

配制总体积为25μL PCR混合液，含SRY基因引物P1与P2。将此混合液加到0.5μL含细胞样本Eppendorf管中，95℃变性5min，随后30个循环（94℃变性60s、60℃复性60s，72℃延伸60s），最后一次进行70℃延伸10min。

2. 活细胞的第二次PCR

制备另一批PCR混合液，总体积25μL，含巢式SRY基因引物P3与P4。然后加入2μL第一次PCR扩增的产物，再扩增30次循环，PCR扩增实验条件同上。

3. PCR产物的琼脂糖电泳

PCR完毕后，离心后每管取6μL PCR产物在含有0.1μL/mL 4S Red Plus核酸染色剂的1%琼脂糖胶进行电泳，采用250bp ladder（5μL）作为分子质量标准，凝胶成像系统进行扫描分析。具体步骤如下。

（1）制备1.2%琼脂糖凝胶（大胶用70mL，小胶用50mL）：称取0.84g（0.6g）琼脂糖置于锥形瓶中，加入70mL（50mL）1×TAE缓冲液。微波炉加热煮沸至琼脂糖全部融化，待冷却至65℃左右时，加入7μL（5μL）4S Red Plus核酸染色剂，摇匀，即成1.2%含染料的琼脂糖凝胶液。

（2）胶板制备：蒸馏水漂洗干净有机玻璃制胶槽，晾干，放入制胶玻璃板。用透明胶带封闭玻璃板与制胶槽两端边缘。将内槽置于水平位置，并固定放梳子。将琼脂糖凝胶液（65℃左右）小心地倒入制胶槽，使胶液在玻璃板表面形成均匀胶层。室温下静置直至凝胶完全凝固，垂直轻拔梳子，形成样品孔，取下透明胶带，将凝胶及制胶槽放入电泳槽中。添加1×TAE电泳缓冲液至电泳槽，没过胶板1～2mm为止。

（3）加样：在Parafilm膜上将DNA样品和上样缓冲液（6×Loading Buffer）混合均匀，上样缓冲液的最终稀释倍数应不小于1×。用10μL微量移液器分别将样品加入样品孔中。为防止污染，应该每加完一个样品，更换一个加样头，加样时勿碰坏样品孔周围的凝胶面（注意：加样前要先记下加样的顺序）。

（4）电泳：电泳时，电压为60～100V，样品移动方向由负极（黑色）向正极（红色），当溴酚蓝移动到距离胶板底端约2cm处时，停止电泳。

（5）电泳完毕后，取出凝胶。将凝胶放入凝胶成像系统中，在紫外灯下观察，DNA显示出红色荧光条带，最后拍照保存。

五、实验结果与分析

实验志愿者1：______；性别：______；PCR结果有无目的条带：______。
实验志愿者2：______；性别：______；PCR结果有无目的条带：______。

六、作业与思考

1. 2011年，国家统计局发布了“第六次人口普查”数据，1990年我国的出生人口性别比（指每100个出生女孩中对应的出生男孩数量，国际社会普遍认为正常范围为102～107）为111，2000年为119，2011年为118，人口比例严重失调，请问这种现象可能是由于什么原因造成的？这种现象对社会与国家会有哪些潜在的危害吗？

2. 有些人想生男孩或女孩，去求神拜佛，吃所谓的“转胎药”，请问这些种做法有科学依据吗？如何用科学知识去劝导教育有这种错误想法的人呢？

实验 11　人群中 PTC 味盲基因频率的分析

1908 年，英国数学家 Hardy 和德国医学家 Weinberg 提出的遗传平衡定律：①种群足够大；②种群个体间的交配是随机的；③没有突变产生；④没有新基因加入；⑤没有自然选择理想状态下，各等位基因的频率和等位基因的基因型频率在遗传中是稳定不变的，保持着平衡。由此来探讨生物微观进化的机制并为育种工作提供理论基础，从某种意义上来说，生物进化就是群体遗传结构持续变化和演变的过程，因此平衡理论在生物进化机制特别是种内进化机制的研究中有着重要作用。

由于人们的寿命与进化时间相比极为短暂，无法探索经过长期进化后群体的遗传变化或者基因的进化变异，早期遗传学对进化的研究主要涉及群体遗传结构短期的变化，今天依赖大分子序列特别是 DNA 序列变异的研究结果，人们可以从数量上精确地推知群体的进化演变，并可检验关于长期进化或遗传系统稳定性推论的可靠程度。同时，对生物群体中同源大分子序列变异模式的研究也使人们重新审视达尔文以“自然选择”为核心的进化学说。

一、实验目的

通过学习人体遗传性状的分析及基因频率的计算，进一步理解 Hardy-Weinberg 定律的基本原理。

二、实验原理与内容

人类遗传研究表明，人体中许多性状是按孟德尔方式遗传的。例如，人体对苯硫脲（PTC）尝味能力是由一对等位基因（T、t）所控制的遗传性状，其中 T 对 t 为不完全显性。

苯硫脲是一种白色结晶有机物，有苦味。正常尝味者的基因型为 TT，尝味能力最高，能尝出 1/6 000 000～1/750 000 的 PTC 溶液的苦味。而具有基因型 Tt 的人，能尝出 1/380 000～1/48 000 的 PTC 溶液的苦味。而 tt 基因型者，只能尝出大于 1/2400 的 PTC 溶液的苦味，甚至对 PTC 结晶的苦味也尝不出来。这类人在遗传学上称为味盲。

世界上不同民族和地区的 PTC 味盲率与隐性基因频率有很大差异，世界上味盲率最高值在印度，为 52.8%，澳大利亚原著民也高达 49.3%，中国人味盲率在 7.27%～10.13%，印第安人中味盲率比较低，有的仅为 1.2%，甚至为 0。

本实验检查 PTC 味盲采用阈值法。将 1.3g 苯硫脲溶于 1000mL 双蒸水中，此溶液浓度等级定为 1 号，再取此溶液 500mL 与 500mL 双蒸水混匀，浓度等级定为 2 号，如此等量对半稀释至 14 号溶液为止。按此方法配制 PTC 溶液，对人群进行 PTC 味盲基因频率的测定与分析，运用 Hardy-Weinberg 定律，计算基因频率（*P*，*Q*）和基因型频率。

三、实验材料与用品

1. 实验样本：本院学生。
2. 用品：天平、烧杯、容量瓶、试剂瓶、苯硫脲等。

四、实验操作步骤

1. PTC 溶液的配制

称取 1.3g 苯硫脲，加双蒸水 1000mL 于容量瓶中，置于室温下 2～3d 即可完全溶解，在此期间不断摇晃以加快溶解。这样配成的溶液浓度为 1/750mol/L，编为 1 号。倒出 500mL 1 号液于另一只 1000mL 容量瓶中，加双蒸水稀释至 1000mL，充分混合，此为 2 号溶液。这样用容量瓶依次倍比稀释，共配制 14 种浓度如表 11-1 所示，分别装入消毒好的试剂瓶中。

表 11-1　14 种 PTC 溶液的配方、浓度与对应基因型

标准溶液编号	标准溶液/mL	PTC 浓度/(mol/L)	基因型
1 号	原液	1/750	*tt*
2 号	原液 100+水 100	1/1 500	*tt*
3 号	2 号液 100+水 100	1/3 000	*tt*
4 号	3 号液 100+水 100	1/6 000	*tt*
5 号	4 号液 100+水 100	1/12 000	*tt*
6 号	5 号液 100+水 100	1/24 000	*tt*
7 号	6 号液 100+水 100	1/48 000	*Tt*
8 号	7 号液 100+水 100	1/96 000	*Tt*
9 号	8 号液 100+水 100	1/192 000	*Tt*
10 号	9 号液 100+水 100	1/384 000	*Tt*
11 号	10 号液 100+水 100	1/768 000	*TT*
12 号	11 号液 100+水 100	1/1 536 000	*TT*
13 号	12 号液 100+水 100	1/3 072 000	*TT*
14 号	13 号液 100+水 100	1/6 144 000	*TT*

2. 测试步骤

（1）受试者坐于椅上仰头张嘴。实验者用滴管先取14号PTC液滴5～10滴于舌根部，令受试者徐徐吞下。再用另一滴管吸蒸馏水5～10于受试者舌根部，徐徐吞下。注意滴管不能接触受试者舌根及口腔等处，以免交叉感染。

（2）询问受试者能否鉴定此两种溶液味道。若不能或辨别不准确，则再稍浓的13号溶液重复以上试验，直到能说出PTC苦味为止。

（3）当受试者能鉴别某一号溶液时，应当用此号溶液重复尝三次，三次结果相同才算可靠。

（4）详细记录测定结果（由学生自行设计表格记录实验结果）。

五、作业与思考

1. 根据测定结果及Hardy-Weinberg定律，计算*tt*基因型频率及基因频率*P*、*Q*。
2. 对成年人而言，哪些因素可能对其尝味能力产生影响？

实验12　分子进化分析

日本群体遗传学家木村资生（M. Kimura），根据分子生物学的研究，主要是根据核酸、蛋白质中的核苷酸及氨基酸的置换速率，以及这些置换所造成的核酸及蛋白质分子的改变并不影响生物大分子的功能等事实，提出了“分子进化中性学说”（neutral theory of molecular evolution）。“分子进化中性学说”是自达尔文提出“自然选择学说”以后出现的一个最有创造性、最重要的进化理论。随着人类基因组计划、比较基因组学等分子遗传学资料的迅速积累，推动了分子进化理论的进一步发展，使其成为计算生物学和生物信息学等新兴学科的重要部分，它为解决系统与进化生物学中的疑难问题提供了新的方法论工具，对生物分类学的发展发挥了至关重要的作用。分子进化研究最基础的方法，即通过物种的核酸、蛋白质序列同源性比较，构建分子系统发育树，初步了解物种之间、基因之间的进化关系及生物系统发生的内在规律。

一、实验目的

1. 掌握在线数据库下载物种的蛋白质、核酸序列方法。
2. 掌握在线序列的比对方法和分析序列相似性的方法。

3. 掌握在线构建分子系统发育树的方法。

二、实验原理与内容

美国国立生物技术信息中心（National Center for Biotechnology Information，NCBI），是由美国国立卫生研究院（National Institutes of Health，NIH）创办的，为分子生物学家提供信息储存和处理的系统。除了建有 GenBank 核酸、蛋白质序列数据库之外，NCBI 还可以提供众多功能强大的数据检索与分析工具。目前，NCBI 提供的资源有 Entrez、PubMed、BLAST 等共计 36 种相应功能链接。掌握在 NCBI 数据库下载相关物种的蛋白质、核酸序列方法。掌握 NCBI 主页中 BLAST 搜索相似序列和分析序列相似性的方法。

在系统学分类的研究中，绘制系统发育进化树（phylogenetic trees）是用一种类似树状分支的图形来概括各种生物之间的亲缘关系。通过比较生物大分子序列差异的数值构建的系统树称为分子系统树（molecular phylogenetic tree）。掌握使用在线 PHYLIP 软件构建分子系统发育树的方法。

三、实验操作步骤

1. 获得鲸（whale）的肌球蛋白序列

（1）打开浏览器进入网页 http：//www. ncbi. nlm. nih. gov/。

（2）在“All Databases”中选择“Protein”一项，然后在对话框中输入“whale myoglobin”（鲸肌球蛋白），点击“search”开始搜索。

（3）点开搜索结果链接项，查看肌球蛋白（其中会给出所选蛋白质来源 source，物种 organism，位点 site 等信息）。

（4）在页面上端选择 FASTA 格式查看序列，并且选择序列（必须要包含序列抬头的“＞”符号）。然后将其拷贝存为 text 文件。FASTA 序列格式是 BLAST 组织数据的基本格式，无论是数据库还是查询序列，大多数情况都使用 FASTA 序列格式，所以首先对 FASTA 格式做详细说明。FASTA 整个格式：“＞”开头，接着是序列的标识符紧跟序列的名称加物种名（＞myoglobin of physter catadon），换行后是序列信息，直到下一个大于号，表示该序列的结束。

格式如下：

＞gi|595582078|ref|NP_001277651.1| myoglobin [Physeter catodon]

MVLSEGEWQLVLHVWAKVEADVAGHGQDILIRLFKSHPETLEKFDRFKHL
KTEAEMKASEDLKKHGVTVLTALGAILKKKGHHEAELKPLAQSHATKHKIPIK
YLEFISEAIIHVLHSRHPGDFGADAQGAMNKALELFRKDIAAKYKELGYQG

（5）将上述得到的 FASTA 格式的序列采用英文名称重新命名序列，并保存为 1.txt 文件。

格式如下：

＞Whale

MVLSEGEWQLVLHVWAKVEADVAGHGQDILIRLFKSHPETLEKFDRFKHLKTEAEMKASEDLKKHGVTVLTALGAILKKKGHHEAELKPLAQSHATKHKIPIKYLEFISEAIIHVLHSRHPGDFGADAQGAMNKALELFRKDIAAKYKELGYQG

（6）将获得的鲸肌红蛋白序列作为参照序列。

2. 继续搜索得到鲸肌红蛋白的同源相似序列

（1）打开浏览器到下面网址：

https：//blast.ncbi.nlm.nih.gov/Blast.cgi?PROGRAM=blastp&PAGE_TYPE=BlastSearch&LINK_LOC=blasthome。

（2）在输入序列中粘贴刚才在 text 中编辑好的参照序列。

（3）在“Choose Search Set”的“Organism”选项中使用“+”的添加功能，添加哺乳动物 human，horse 两个物种和鱼类 zebrafish，catfish 两个物种（图 12-1）。

图 12-1　BLAST 方法

（4）点击页面下的“BLAST”功能。可能会需要等待几分钟得到结果。

（5）BLAST 结果出来后，在“Description”中，选择 human（*Homo sapiens*）、horse（*Equus caballus*）、zebrafish（*Danio rerio*）、catfish（*Ictalurus furcatus*）的 myoglobin 蛋白序列。点击每条序列的“Accession”分别登录，下载选中序列的 FASTA 格式，并将其拷贝至一个文件中。并且用英文名称（即 human，horse， zebrafish，catfish）重新命名“＞”后的物种名称，格式如 1.txt。最后将 1.txt 的 whale myoglobin 的蛋白序列也一起粘贴过来。重命名该文件为“myoglobin sequenes.txt”。该文件中共包括 5 个物种的肌红蛋白序列。

3. 开始比对序列和构建分子系统发育树

（1）打开浏览器到下面的网页：

http：//dnasubway.iplantcollaborative.org/

（2）在左上角，通过 “enter as a guest”或者“register”方式登录。

（3）点击蓝色对话框，确认序列的信息（图 12-2）。

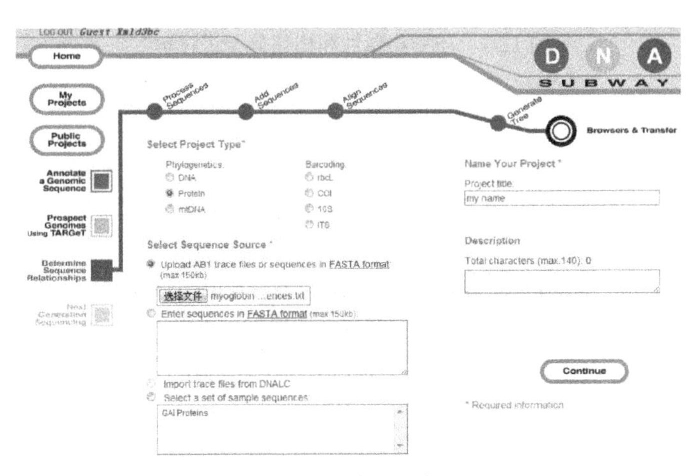

图 12-2　序列加载

1）在“Select Project Type”的“Phylogenetics”中选择“Protein”。

2）在“Select Sequence Source”选择“upload”刚才编辑好的“myoglobin sequences.txt”文件。

3）输入 project title，如 my name，continue，开始分析。

（4）在“ASSEMBLE SEQUENCES”中，点击“sequence viewer”可以查看你输入的序列（图 12-3）。

1）点击“MUSCLE”（程序运行可能需要几秒钟，运行好后，显示“V”，此时可以查看序列）。

2）你可以通过点击“+”详细查看比对好的序列。

3）然后打开“sequence similarity %”，你可以在此查看序列之间的相似百分比。

5）点击“PHYLIP NJ（Neighbor Joining）& PHYLIP ML（Maximum Likelihood）”方法构建系统发育树（图 12-3）。

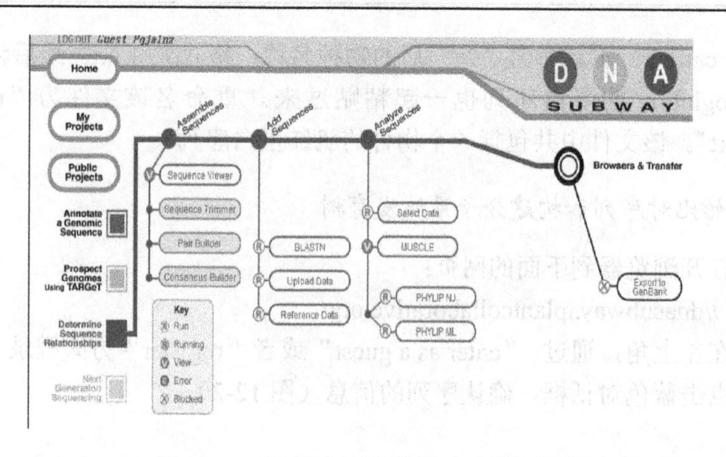

图 12-3 序列相似性和构建分子进化树

四、实验结果与分析

实验结果 1：肌红蛋白序列相似百分比的矩阵表（表 12-1）。

表 12-1 肌红蛋白序列相似百分比的矩阵表

	C	鲸	人类	马	鲶	斑马鱼
c	—	90.26	92.86	93.51	49.59	45.58
鲸	90.26	—	84.42	87.66	42.98	38.78
人类	92.86	84.42	—	88.31	44.63	42.18
马	93.51	87.66	88.31	—	44.63	40.14
鲶	49.59	42.98	44.63	44.63	—	65.29
斑马鱼	45.58	38.78	42.18	40.14	65.29	—

实验结果 2：构建分子系统发育树

（1）基于 Neighbor Joining 方法构建的肌红蛋白系统发育树（图 12-4）。

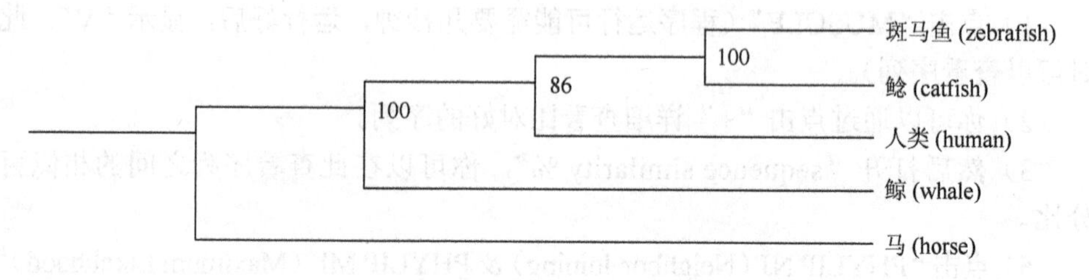

图 12-4 肌红蛋白系统发育树（Neighbor Joining）

（2）基于 Maximum Likelihood 方法构建的肌红蛋白系统发育树（图 12-5）。

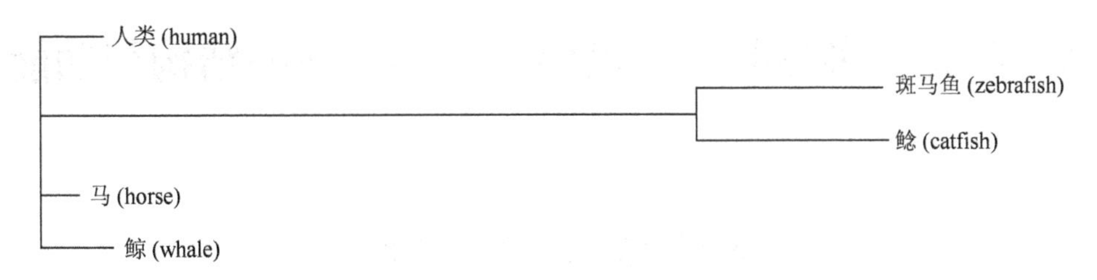

图 12-5　肌红蛋白系统发育树（Maximum Likelihood）

实验结果分析

（1）序列相似性比较结果显示：①两种鱼类与鲸比较，肌红蛋白的相似性不到 50%；②两种哺乳类与鲸比较，肌红蛋白相似性较高，分别为 84.42%、87.66%。

（2）分子系统发育树的结果显示：和两种鱼类比较，鲸肌红蛋白亲缘关系更接近哺乳动物。

五、作业与思考

1. 参照上述方法，任意选取两种鱼类和两种哺乳类的肌红蛋白序列进行分析，注明选取的物种。

2. 用图表说明鲸分别和两种鱼类，两种哺乳类肌红蛋白序列间的相似性的百分比。

3. 用图表说明你认为鲸和鱼类，还是鲸和哺乳类肌红蛋白序列亲缘关系更近，分析说明得出结论的原因。

第三单元　多彩的生物世界——生物体的结构与功能

实验 13　植物多样性

生物多样性是人类社会赖以生存和发展的基础，它为人类提供了食物、纤维、木材、工业原料等各种物质资源，也为人类社会提供了合适的生存环境。它们维系着自然界中的物质循环和生态平衡。因此研究生物多样性具有极其重要的现实意义。

而在植物长期演化过程中，植物与环境相互影响与作用，使不同植物形成了各自不同的生长方式和多种多样的形态，无论哪种发展趋势都是植物自身适应环境以获得充足阳光，制造、储藏营养物质和繁衍后代的需求。

植物界的基本类群主要包括苔藓植物、蕨类植物、裸子植物和被子植物。

一、实验目的

结合校园和植物园的植物种类进行现场教学，要求学生能掌握植物的外部形态术语，观察、解剖植物，并根据其特征鉴别植物的种类。

二、实验原理与内容

1. 确定进行现场教学的地点，如校园、花卉园、植物园等。
2. 确定地点后，教师应事先预查，确定讲解的内容和具体路线。
3. 在讲解时，应结合实际讲清有关的形态术语。
4. 如何观察和鉴别植物？

在观察和研究每一种植物时，必须有谨慎、科学的态度和方法。刚开始实验时，要求每个学生都能克服运用描述性术语的困难。植物的观察研究，应当按照“开始于根，结束于花”这样的程序来不断进行。先用肉眼观察，然后再借助放大镜来观察。花要研究得极为细致，由外向内，从花柄、花萼、花瓣和雄蕊，直到柱头的顶部，一步一步地完成。在花没有被切开以前，应当尽可能详细记录不用放大镜就能看到的特征。进一步观察花药的开裂、卷叠和胎座等特征，则必须借助放大镜进行。接着，至少应切开两朵花的子房，其中一朵横切，另一朵纵切。前者用来观察胎座，后者用于观察子房是上位还是下位。

三、实验操作步骤

为了真正掌握有系统、有步骤地研究每一种植物的全面特征的方法，可从以下步骤观察和研究植物（包括植物标本）。

1. 习性

（1）草本（如夏至草），或木本（如银杏）。

（2）如果是草本，是一年生（如牵牛花）、二年生（如白菜）还是多年生草本（如菊花）。

（3）直立草本（如藿香），或草质藤本（如圆叶茑萝）。

（4）如果是木本，那么是乔木（如香樟），还是灌木（如蔷薇）。

（5）是常绿植物（如侧柏）还是落叶植物（如水杉）。

（6）是肉质植物（如落地生根），还是非肉质植物（如石竹）。

（7）是陆生植物（如锦葵）、水生植物（如金鱼藻），还是湿生植物（如菖蒲）。

（8）是木质藤本（如葡萄），还是直立木本（如蓝花楹）。

（9）是自养植物（如绿色植物），还是寄生（如菟丝子）或附生植物（如石斛）、腐生植物（如腐生兰）。

2. 根

（1）是直根系（如双子叶植物通常为直根系），还是须根系（如单子叶植物通常为须根系）。

（2）是具块根（如甘薯），还是肉质直根（如胡萝卜、萝卜、甜菜）。

（3）具支持根（如玉米）、寄生根（如日本菟丝子）、呼吸根（红树）、攀援根（常春藤），还是气生根（黄葛树）。

3. 茎

（1）是方茎（如一串红），还是三棱形茎（如香附子）；是多棱形茎（如芹菜）还是圆茎（如小麦）。

（2）是实心茎（如高粱），还是空心茎（如小麦）。

（3）茎的节和节间明显（如石竹），还是不明显（如大豆）。

（4）具缠绕茎（如圆叶牵牛），还是攀援茎（如豌豆）。

（5）具匍匐茎（如草莓），还是具平卧茎（如地锦）。

（6）是否具根状茎（如莲），或具块茎（如马铃薯）、鳞茎（如百合）、球茎（如荸荠）、肉质茎（如仙人掌）。

4. 叶

（1）是单叶（如海椒），还是复叶（如月季）；是奇数羽状复叶（如枫杨），还是偶数羽状复叶（如皂荚）；是二回偶数羽状复叶（如合欢），还是掌状复叶（如鹅掌柴）；是单身复叶（如橘），还是掌状三小叶（如酢浆草）、羽状三小叶（如大豆）。

（2）叶是互生（如玉兰），还是对生（如桂花）、轮生（如夹竹桃）、簇生（银杏短枝上的叶）、基生（如蒲公英）。

（3）平行叶脉（如玉米），还是网状叶脉（如银木）、羽状叶脉（如北鹅耳枥）、弧形叶脉（如玉簪）、三出叶脉（如香樟）。

（4）叶形：椭圆形（如洋槐的小叶片）、卵形（如梨）、心脏形（如紫荆）、肾形（如天竺葵）、扇形（如银杏）、针形（如雪松）、披针形（如垂柳）、线形（如韭菜）、鳞片叶（如圆柏）（图 13-1）。

（5）叶基的形状为半圆形（如苹果）、心形（如萝藦）、箭形（如慈姑）、戟形（如戟叶蓼）、楔形（如一叶萩）、偏斜（如秋海棠）。

（6）叶尖：渐尖（如桃）、急尖（如荞麦叶）、钝尖（如黄栌）、凹形（如凹头苋）、倒心形（如酢浆草）。

（7）叶缘：全缘（如玉兰）、锯齿（如秋子梨）、重锯齿（如珍珠梅）、牙齿状（如桑）、波状齿（如槲树）。

（8）叶缘裂：浅裂（如梧桐）、深裂（如篦麻）、全裂（如羽叶茑萝）。

（9）具托叶（如苹果），还是不具托叶（如桑）；托叶离生（如苹果），还是与叶柄基部结合（如月季的托叶）；托叶成叶状（如豌豆），还是成鞘状（如蓼科的植物）；托叶成刺状（如洋槐），还是托叶成卷须状（如菝葜属的有些植物）。

（10）具枝刺（如火棘），还是具皮刺（如蔷薇属植物）。

（11）具白色乳汁（如桑科植物），还是黄色乳汁（如白屈菜）。

（12）具丁字毛（如糙叶黄芪），还是星状毛（如锦葵科的植物）；具柔毛（如毛叶丁香），还是绵毛（如狗舌草）；具刺毛（如毛莲菜），还是具腺毛（如稀签的总苞片上的腺毛）；具鳞片状毛（如胡颓子）还是螯毛（如蝎子草）。

（13）具叶柄下芽（如悬铃木），还是具裸芽（如黄楝木）。

5. 花序

花是单生的（如玉兰），还是组成花序（如女贞）。如果是组成花序，是总状花序（如白菜），还是伞形花序（如绣球）；是柔荑花序（如毛白杨），还是隐头花

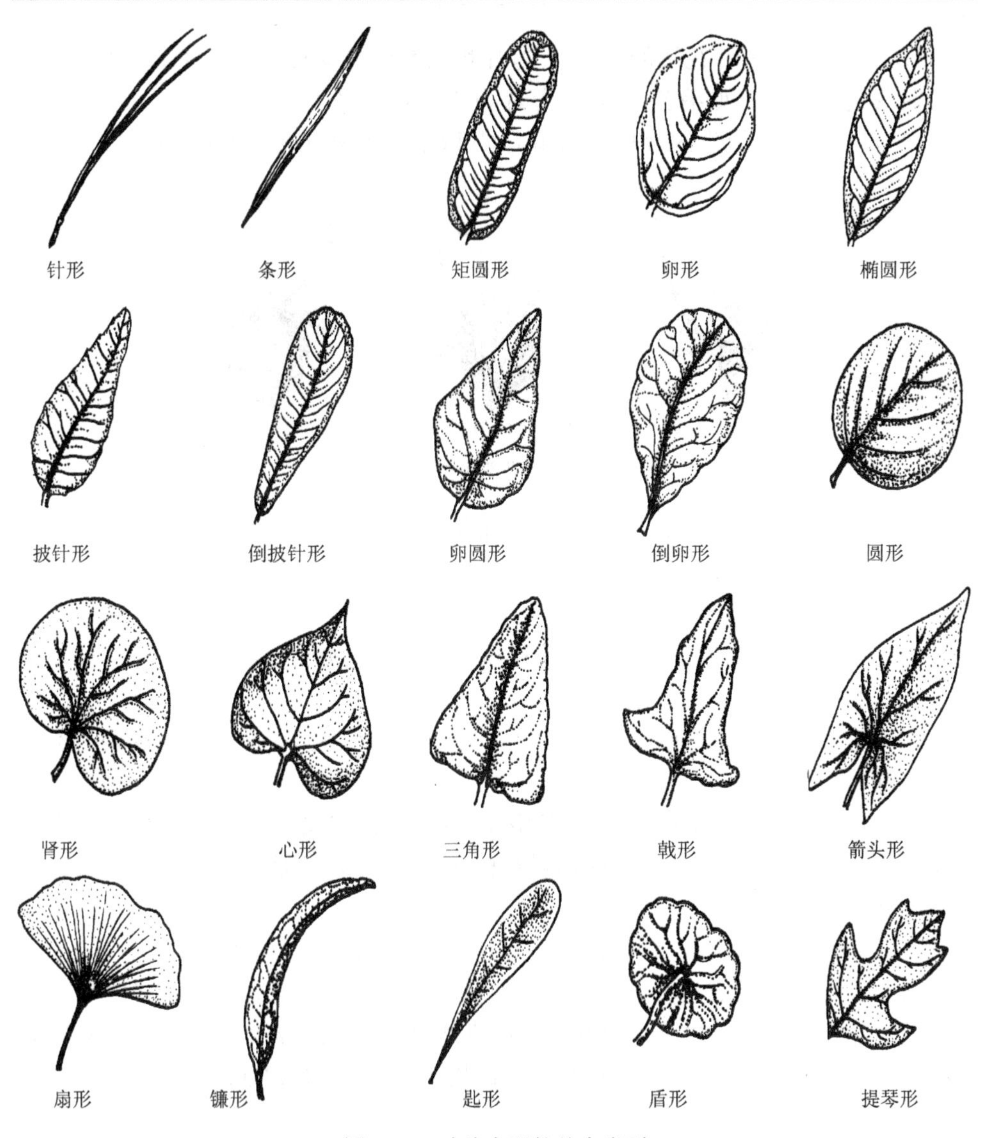

图 13-1　叶片全形的基本类型

序（如黄葛树）、具总苞的头状花序（如菊花）；是轮伞花序（如细叶益母草），还是肉穗花序（如马蹄莲）；是伞房花序（如三裂绣线菊），还是二歧聚伞花序（如石竹）；是穗状花序（如车前），还是复伞形花序（如当归）。

6. 花

（1）两性花（如桃花）、杂性花（如平基槭），还是单性花（如黄瓜）。如果是单性花，是雌雄同株（如玉米），还是雌雄异株（如桑树）。

（2）花被（花萼和花瓣的总称）：萼片和花瓣有明显的区别，即外轮为绿色内轮为具彩色的花瓣（如毛茛），还是萼片和花瓣无区别（如玉兰）。

（3）花被和雌蕊的关系：纵剖一朵花，即可看到萼片和花瓣着生的位置（图 13-2）。

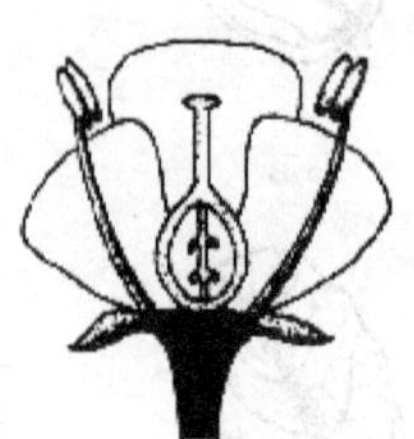
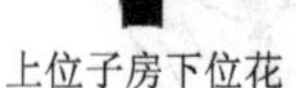

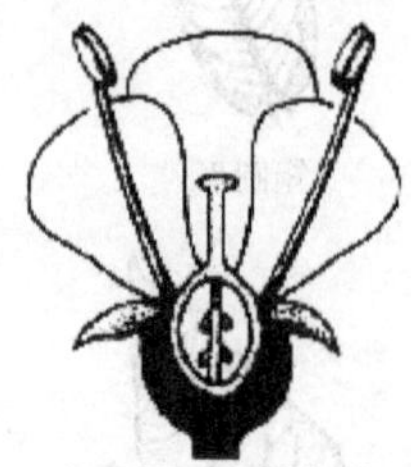

图 13-2　各种花被和雌蕊的位置

1）独立着生在花托上，位于子房的下面，也就是子房上位，花下位（如百合）。

2）着生在一个浅碟形、杯状或壶形的萼筒（花托、花筒）上，萼筒围绕着子房，也就是子房上位，花周位（如桃花）。

3）着生在子房的顶部，即壶形花托与子房壁完全愈合，也就是子房下位，花上位（如梨花）。

（4）花萼（萼片的总称）：花萼由几片萼片组成？萼片是分离（如油菜）还是合生（如石竹）。

（5）花冠（花瓣的总称）：花冠是由几片花瓣组成，是离瓣花（如桃花）还是合瓣花（如桔梗）；是整齐花，即辐射对称（如百合），还是不整齐花，即两侧对称（如紫荆）。

（6）双被花（如桃）、单被花（如桑），还是无被花（如旱柳）。

（7）花萼和花冠的卷叠方式：指萼片和花瓣在芽中相互叠盖的方式。要看卷叠方式，部分开放的花要比完全开放的花清楚得多。是镊合状（如葡萄）、覆瓦状（如白菜）、螺旋状（如牵牛），还是双覆瓦状（如梨）（图 13-3）。

图 13-3　花萼和花冠的卷叠方式

（8）花冠的类型：蔷薇形花冠（如紫叶李），还是漏斗形花冠（如圆叶牵牛）；十字形花冠（如白菜），还是钟形花冠（如党参）；蝶形花冠（如白车轴草），还是唇形花冠（如夏枯草）；管状花冠（如向日葵的管状花），还是舌状花冠（如蒲公英）。

（9）雄蕊（群）：雄蕊（群）由多少枚雄蕊组成，是螺旋状排列（如玉兰），还是轮生（如毛茛）。

花丝全部分离还是一部分以不同方式结合，有无退化雄蕊存在。根据花丝结合的不同方式和花丝长短的不同，可以有单体雄蕊（如木芙蓉）、四强雄蕊（如白菜）、二强雄蕊（如黄芩）、二体雄蕊（如大豆）、聚药雄蕊（如菊花向日葵）、多体雄蕊（如金丝桃梅）。

（10）雌蕊（群）：是单心皮雌蕊（如豌豆），还是合生心皮雌蕊（如番茄）或离生心皮雌蕊（如毛茛）。离生心皮的雌蕊在花托上成螺旋状排列（如玉兰），还是轮状排列（如八角茴香）。

7. 怎样判断一朵花的雌蕊是由多少心皮组成

检查子房的外部：如果在横剖子房时，看到的是明显的不对称，这个雌蕊可能仅由一个心皮组成，如桃花的子房。

如果是对称的，这个雌蕊可能是由两个或更多的心皮组成的，如是对称地裂成两个或更多的瓣，那么这些裂成的瓣的数目就代表心皮的数目。例如，大戟的花柱是 3 条，而柱头又各自二裂，也就是有 6 个柱头，而子房却裂成 3 个瓣，故它仍是由 3 个心皮组成的。

检查花柱：如有一个以上的花柱，这个雌蕊是由两个或多个心皮所组成的。

花柱的数目可以代表心皮的数目，如甘薯具两条花柱，故它是由两个心皮所组成的雌蕊。而圆叶牵牛具 3 条花柱，因此它的雌蕊是由 3 个心皮所组成的。如果仅有一条花柱，那么，这个雌蕊可能是由一个心皮组成，也可以由一个以上的心皮组成，遇到这种情况，可通过检查柱头来解决。

检查柱头：如有一个以上的柱头，这个雌蕊由两个或更多个心皮所组成，如果只有一个柱头，这个雌蕊可以由一个或比一个更多的心皮所组成。

如果柱头是不对称的，这个雌蕊可能是由两个或更多的心皮所组成。如果这个柱头被对称地分成了两个或更多的裂，这个雌蕊可能由两个或更多个心皮所组成，并且这些裂的数目就表示心皮的数目。

如果这个柱头完全没有裂缝时，那就应当横剖子房来判断：通过子房的中间切一个子房的横切面，这个子房被分隔成两个或两个以上的室，这个雌蕊就有两个或两个以上的心皮，也就是说室的数目就可以表示心皮的数目。如果不是上述情况，这个雌蕊可以由一个或一个以上的心皮所组成。

观察横切面，检查胎座的数目：如果多于一个，这个雌蕊由两个或更多的心皮所组成，而且胎座的数目就可以表示心皮的数目。如果只有一个，那么，这个雌蕊可能仅由一个心皮所组成。

和上面的检查方法结合起来使用，常有可能确定这个雌蕊是单生的，还是合生的。

如是单生的，这个雌蕊（群）是离生的心皮，并由单个离生心皮所组成（如毛茛的聚合瘦果）。如是合生的，这个雌蕊（群）是合生的心皮，并由两个或多个合生心皮所组成（如苹果）。

最后的记录：花柱的数目，柱头的数目（如果柱头是一枚，就看柱头的浅裂数）及子房内室的数目，就可以说明这个雌蕊是由几个心皮所组成的。

8. 胎座的记录

观察胎座的类型，必须把子房横切和纵切（剖）。如果被切的子房比较老，胎座常看得更清楚。

边缘胎座（如豌豆），还是中轴胎座（如百合）；侧膜胎座（如南瓜），还是特立中央胎座（如石竹）；是顶生胎座（如桑），还是基生胎座（如向日葵）、全面胎座（如睡莲）。

9. 记录果实的类型

真果（如杏），还是假果（如苹果）；聚花果（如桑），还是聚合果（如草莓）；肉质果（如柿子），还是干果（如玉兰）。

肉质果包括浆果（如丝瓜）、核果（如李）、梨果（如苹果）。浆果中又有特称为柑果（如柚）、瓠果（如黄瓜）的。

干果包括开裂的（如大豆）和不开裂的（如向日葵）两种类型。如果是开裂的干果称为裂果，包括荚果（如豆科植物）、蓇葖果（如玉兰、梧桐）、角果（如白菜、萝卜）、蒴果（如棉花）。蒴果开裂的方式比较复杂，有室背开裂（如紫花地丁）、室间开裂（如卫矛）、孔裂（如罂粟属）、盖裂（如马齿苋）等。

如果是不开裂的干果称为闭果，有瘦果（如毛茛、向日葵）、颖果（如玉米）、坚果（如栗）、翅果（如白蜡树、红枫）。

果实如果成熟，除了记录果实中有多少种子外，还应记录种子的形状、大小和表面的纹饰，以及其他有关的结构。

四、作业与思考

1. 比较下列各组名词并与观察到的实际植物相对应：块根与块茎，球茎与鳞茎，匍匐茎与平卧茎，茎卷须与叶卷须，叶互生、对生与轮生，羽状复叶与掌状复叶，掌状三出叶与羽状三出叶，平行叶脉与网状叶脉，叶尖锐尖与渐尖，椭圆形叶与披针形叶，掌状全裂叶与掌状复叶，叶全缘与叶有锯齿，叶浅裂与叶深裂，托叶鞘与托叶刺，子房上位与子房下位，离瓣花与合瓣花，总状花序与伞形花序，边缘胎座与侧膜胎座，中轴胎座与特立中央胎座，荚果与角果，瘦果与坚果。

2. 观察校园内外植物，用植物形态术语记录器官的形态，并以这些特征对植物进行初步鉴别。

实验 14　植物种子无菌萌发

植物组织培养即植物无菌培养技术，又称离体培养，是近几十年来发展起来的一项无性繁殖的新技术。由于植物细胞具有全能性，利用植物体离体的器官（如根、茎、叶、花、果实等）、组织（如形成层、薄壁组织、叶肉组织、胚乳等）或细胞（如孢子、体细胞等）及原生质体，在无菌和适宜的人工培养基及温度等条件下，诱导获得再生的完整植株或生产具有经济价值的其他产品的技术。

一、实验目的

1. 掌握植物外植体消毒技术。
2. 掌握植物无菌操作技术。

二、实验原理与内容

种子是种子植物所特有的繁殖器官，由胚珠发育而来。种子培养是器官培养中最常使用的技术，它具有植株分化容易、无菌操作简便的特点。通过种子培养可打破种子休眠，特别是对一些难于发芽和败育种子正常发芽是一种有效的手段。

三、实验材料与用品

绿豆（*Vigna radiata* L.）、超净工作台、高压灭菌锅、培养皿、烧杯、玻璃棒、尖嘴镊、移液器及配套吸头（5mL，1mL）、0.1%升汞、医用乙醇。

四、实验操作步骤

（1）进入无菌工作间。用手取有菌绿豆种子，每人 5 粒（两位同学一组），放入同一已灭菌的 50mL 烧杯中，医用乙醇表面消毒几秒，后无菌水清洗一次。再加入 0.1%升汞消毒 10～12min，消毒过程中不时用玻璃棒搅动（使用后的升汞倒入回收瓶中，可重复使用）。无菌水清洗 4 次，每次 2min。

（2）双手消毒：取超净工作台上广口瓶中酒精棉球一个，擦拭双手及指尖。再清理无菌操作所需用具，并摆放在超净工作台上恰当位置，以利于实验操作。

（3）（以下实验每人单独操作）取已灭菌放有滤纸的 9cm 培养皿一个，加无菌水 12mL。灼烧消毒镊子，待冷却后，用镊子将培养皿中的滤纸摆平，尽量贴紧培养皿的底部。取消毒灭菌好的绿豆种子，分散均匀摆放在培养皿中（操作过程中，尽量不完全打开培养皿并靠近酒精灯），使绿豆半浸泡在无菌水中。盖好培养皿。

（4）贴上标签，写上姓名（全名）。放入培养室培养 24h（25℃）。

五、实验结果与分析

每组放置绿豆种子数：________；萌发种子数：________；萌发率：________。

六、作业与思考

1. 植物外植体消毒主要有哪些方法？简述并用表格表达。
2. 若要将绿豆培养成完整植株，需采取什么样的方式方法？

实验 15　动物多样性的结构与功能

动物的种类繁多，形态各异。从简单的单细胞原生动物到复杂的多细胞动物，其结构越来越复杂、功能也越来越复杂和精细。而多细胞动物的身体是由一系列结构复杂的组织、器官系统所组成。不同的器官，执行不同的功能，完成相应的任务，而器官系统之间又相互联系，彼此配合，使得整个动物机体得以保持统一，实现正常的生命活动。

从进化的角度看，动物结构体制（body plan）的建立，体腔的出现和体节的形成，是反映动物体整个结构和功能机制演变的重要标志，它导致动物有更强的适应环境和生存的能力，分布的环境和空间也随之扩大。动物从其外形到内部结构，均体现了结构与功能的统一和对生存环境的适应。

一、实验目的

1. 学习动物解剖的基本方法。
2. 通过对几种动物的比较解剖，了解其适应性特征，以及动物形态、器官系统结构与机能逐渐演化发展和完善的进化过程。

二、实验原理与内容

1. 环毛蚓、棉蝗、鲤（鲫）、牛蛙、家鸽、家兔的外形观察与内部解剖，了解环节动物、节肢动物、鱼类、两栖类、鸟类和哺乳类的基本特征。

2. 各类动物外形和主要器官系统的比较。

三、实验材料与用品

1. 材料：环毛蚓浸制标本和横切面玻片标本，雌、雄棉蝗的浸制标本，活体鲤（鲫）、牛蛙、家鸽、家兔。

2. 用品：显微镜、放大镜、体视显微镜、解剖盘、蜡盘、解剖剪、解剖刀、解剖针、各种镊子、大头针、载玻片、烧杯、培养皿、滴管、吸水纸、棉花、清水等。

四、实验操作步骤

3～6 人为 1 组，每组以 1 种材料为主进行操作，相互配合，并相互观察比较。浸制标本需用清水洗去药液后置蜡盘或解剖盘中，活体标本需处死，按具体实验目的采用肉眼、手持放大镜、体视显微镜、显微镜进行观察。

（一）外部形态

主要比较动物体的对称方式、身体分节模式等。

1. 环毛蚓

环毛蚓身体圆长，由许多体节组成，体节之间有节间沟。除第一节和最后一节外，各节中部生有一圈刚毛，可用手触摸或用放大镜观察。身体可分前、后端，背、腹面。性成熟个体有棕红色隆肿环带（第 14～16 节）的一端为前端，前端第 1 节为围口节，其腹面中央是口，口的背侧有肉质的口前叶，身体末端的纵裂状开口是肛门。颜色较深的一面是背面，除前几节外，背中线上每节间处有背孔。颜色较浅的一面为腹面。观察腹面前部，在 5/6～8/9 节间沟两侧有 2～4 对横裂状受精囊孔，在环带的第 1 节，即第 16 节腹中线上有 1 个雌性生殖孔，第 18 节腹面两侧各有 1 个雄性生殖孔，在受精囊孔和雄性生殖孔附近常有小而圆的生殖乳突。

2. 棉蝗

体色鲜绿，缀以黄色斑纹，雌性个体（体长 40～50mm）较雄性（30～40mm）个体大，身体分为头、胸、腹 3 部分。

（1）头部：卵圆形，外骨骼愈合成头壳。

复眼：1 对，卵圆形，棕褐色，位于头部的两侧。放大镜观察其表面可见许多六角形的小眼镶嵌呈蜂巢状构造。

单眼：3 只，浅黄色，一个位于额的中部，其余两个分别在两复眼内侧的上方。

触角：1 对，位于复眼的内侧前方，细长呈丝状，由柄节、梗节和鞭节构成，鞭节又分为许多亚节。

口器：咀嚼式，由头部的 3 对附肢、上唇和舌所构成。

（2）胸部：以略收缩的膜质颈与头部相连，由前胸、中胸和后胸 3 节组成。

1）外骨骼：每一胸节由 4 块骨板组成，即位于背面的背板、两侧的侧板和腹面的腹板。

背板：前胸背板发达，马鞍形，向两侧和后方延伸；中、后胸背板常被前胸背板后缘遮盖，呈方形，又分为若干小骨片。

侧板：前胸侧板位于背板下方前端，退化为小三角形骨片；中、后胸侧板发达，每侧板又由侧沟划分成前侧片和后侧片。

腹板：前胸腹板长方形，中央有一横弧线和一钩状腹板突；中、后胸腹板合成一块，又分为若干骨片。

2）足：各胸节均着生 1 对分节的足，前、中足皆为步行足；后足腿节粗壮，适于跳跃，称为跳跃足。

3）翅：中胸背方着生 1 对革质、狭长的复翅（前翅）；后胸有 1 对扇状的膜翅（后翅），翅脉明显，休息时折叠藏于复翅下。中、后胸侧板前缘各有气门 1 对。

（3）腹部：由 11 个体节组成。

外骨骼：每一腹节只有背板和腹板，侧板退化为连接背、腹板的侧膜。第 1 腹节与后胸紧密相连，不能活动；第 9、第 10 腹节背板缩短愈合，其间具一浅沟；第 11 节背板呈三角形，盖在肛门上方，称为肛上板，两侧各有一肛侧板，为第 11 节的腹板；第 10 节后缘两侧各有一尾须，为第 11 节的附肢。棉蝗的腹板数目雌、雄有别，雌虫第 9、第 10 节无腹板，第 8 节腹板后端延伸成一尖突的导卵器；雄虫第 9、第 10 节腹板愈合，顶端尖翘成生殖下板。

外生殖器：雌虫为一产卵器，由一对背瓣和一对腹瓣组成，位于腹部末端；雄虫为一交配器，为一对钩状阴茎，把生殖下板往下压，即可见到。

听器：为 1 对卵圆形的鼓膜，位于第 1 腹节的两侧。

气门：共 10 对，其中胸部 2 对，分别位于中、后胸侧板的前缘；腹部 8 对，位于第 1～8 腹节背板下缘的前方。可用放大镜观察棉蝗呼吸时气门启闭的情况。

3. 鲤（鲫）

体呈纺锤形，略侧扁。体表被圆鳞，背部灰黑色，腹部近白色。身体分为头、躯干、尾3部分。适应于水中生活。

（1）头部：从身体的最前端至鳃盖骨的后缘为头部。

口：位于头部前端（口端位）。鱼类口的形状和位置因其食性不同而有差异。

须：鲤有触须2对（吻须1对，较长；颌须1对，较短），鲫无触须。触须上分布有味蕾，司味觉，可辅助鱼类觅食。

眼：1对，位于头部两侧，大而圆。无眼睑和瞬膜，眼完全裸露不能闭合。无泪腺。

鼻：外鼻孔1对，位于吻的背面、眼的前上方。每侧鼻孔均有由皮膜隔开的两个鼻孔，前后排列，前面的称前鼻孔（进水孔），后面称后鼻孔（出水孔），司嗅觉。鼻孔不通口腔，无呼吸功能。

鳃盖和鳃孔：眼后头部两侧为宽扁的鳃盖。鳃盖由4块骨片组成，其后缘游离，上有一片薄的皮肤膜，称为鳃盖膜，可密闭鳃孔。鳃盖后缘的开口为鳃孔。

（2）躯干部和尾部：自鳃盖后缘到肛门或泄殖孔为躯干部。自肛门或泄殖孔至尾鳍基部（最后一枚尾椎骨）为尾部。

鳞：躯干部和尾部体表被以覆瓦状排列的圆鳞。

侧线：鱼体两侧从鳃盖后缘至尾部可见1列穿有小孔的鳞片，称为侧线鳞。侧线鳞由前至后排列起来，在体侧形成一条虚线，即为侧线，为体表感觉器官。

鳍：分为奇鳍和偶鳍，由鳍条和鳍膜组成。

奇鳍位于体中线，单个出现，包括背鳍、臀鳍和尾鳍。

偶鳍位于体两侧，成对出现，包括胸鳍和腹鳍。胸鳍1对，位于鳃盖后方左右两侧。腹鳍1对，位于腹部。

泄殖孔：位于臀鳍起点基部前方，紧靠臀鳍。泄殖孔为输尿管和生殖导管汇合后在体外的开口。

肛门：位于泄殖孔前方，紧靠泄殖孔，为消化道在体外的开口。

4. 牛蛙

将活蛙静伏于解剖盘内，观察其身体及呼吸运动。体短而宽，可分为头、躯干、四肢3部分。

（1）头部：头部扁平，呈三角形，吻端稍尖。

口：口宽大，位于吻端，横裂型。由上下颌组成。

外鼻孔：上颌背面前端有外鼻孔1对。

眼：眼圆、大而突出，位于头的两侧。有上、下眼睑及瞬膜。轻触眼睑，可见上眼睑较厚，不能下降；下眼睑较薄能向上移动与上眼睑闭合以掩蔽眼球。下眼睑内侧有一半透明的瞬膜。眼睑的存在是陆生脊椎动物的特征。

鼓膜：眼的后方有 1 对圆形鼓膜，暗褐色。

声囊：雄蛙口角腹面两侧有 1 对声囊，为浅褐色皮膜凹陷，鸣叫时鼓成泡状。

（2）躯干部：蛙类无明显的颈部，鼓膜之后即为躯干部。干部短而宽，背腹扁平，末端两腿之间偏背面有一小孔为泄殖孔。

（3）四肢：蛙类具 5 趾型附肢。前肢短小，从近体侧起，依次为上臂、前臂、腕、掌和指。前肢 4 指，指间蹼不发达。后肢长而发达，从近体侧起，依次为股、胫、跗、跖和趾。后肢 5 趾，趾间具蹼。

（4）皮肤：裸露、湿润，有辅助呼吸的功能。表面有由皮肤腺分泌的黏液覆盖，有黏滑感。背面皮肤颜色变异较大，有黄绿、深绿、灰棕色等，并有不规则黑斑。腹面皮肤光滑，色浅。

5. 家鸽

身体呈纺锤形，体外被羽，具流线型的外廓。身体可分为头、颈、躯干、尾、附肢等部分。

（1）头部。

喙：上下颌向前极度延伸，前端覆有角质膜。

蜡膜：为上嘴基部隆起的软膜。

外鼻孔：1 对，位于蜡膜下面侧，呈裂缝状。

眼：大而圆，有可活动的眼睑和半透明的瞬膜。

耳：位于眼的后下方，外观为一椭圆形的孔，称耳孔。鼓膜内陷形成浅短的外耳道，耳孔外覆以羽毛，称耳羽。

（2）颈：细长，灵活。

（3）躯干：略呈卵圆形，紧密坚实，不能弯曲。

泄殖孔：位于躯干的后端腹面，尾的下面。

（4）翼（或称翅）：前肢特化而成，其上着生各种羽毛，分上臂、下臂及手，弯曲成 Z 形，飞翔时能伸展，为飞行器官。

飞羽：构成翼的主要部分，可分为初级飞羽、次级飞羽和三级飞羽。

（5）脚。

股或大腿：为脚的最上部，与躯干相接，被羽。

胫或小腿：在股的下面，跗跖的上面。鸽的胫部裸出。

跗跖：在胫的下面，趾的上面，为脚部最显著的部分，其上着生角质鳞片。

趾：4 个，3 趾向前、1 趾在后，先端具爪，为常态足。

（6）尾：尾缩短成小的肉质突起，尾基腹面有泄殖腔孔。

尾羽：生长在尾部的大型正羽。这些尾羽能展开成扇形，在飞翔中起舵的作用。

尾脂腺：尾基部背面的1对油腺，呈乳头状突起，能分泌油脂。

（7）羽毛：按羽毛构造可将区分为正羽（翮羽）、绒羽和纤羽（毛羽）3种。

正羽：由羽轴和羽片构成，覆盖全身各处。正羽的色彩及在翼部和尾部的数目在各种鸟类是恒定的，为鸟类分类的依据。

绒羽：羽轴细长，羽枝柔软松散似绒，小羽枝无钩，多分布在正羽的下面。

纤羽：羽轴细小如丝状，仅上方有少量短小的羽枝，着生在正羽及绒羽之间（拔去正羽和绒羽后可见）。

取1枚飞羽，注意观察羽轴和两瓣羽瓣。羽轴的下段不见羽毛的部分称羽柄或羽根，其下部深入皮肤内。羽轴上段称为羽干，羽干两侧斜生许多平行的羽枝，每一羽枝的两侧又生出许多带钩或齿的小羽枝，由小羽枝互相钩连组成扁平的羽瓣。纵切羽柄，可见有一成链状排列而柔软的角质幅状物，称为翮心，为活体时血管输送营养的通路。

6. 家兔

兔全身被毛，毛分针毛、绒毛和触毛（触须）。针毛长而稀少，有毛向；绒毛位于针毛下面，细短而密，无毛向；在眼的上下和口鼻周围有长而硬的触毛。

（1）头：呈长圆形，眼以前为颜面区，眼以后为头颅区。眼有能活动的上下眼睑和退化的瞬膜，可用镊子从前眼角将瞬膜拉出。眼后有1对长的外耳壳。鼻孔1对，鼻下为口，口缘围以肉质而能动的唇，上唇中央有一纵裂，将上唇分为左右两半，因此唇经常微微分开而露出门齿。

（2）颈：头后有明显的颈部，很短。

（3）躯干：较长，可分胸、腹和背部。背部有明显的腰弯曲。胸、腹部以体侧最后一根肋骨为界。近尾根处有肛门和泄殖孔，肛门靠后，泄殖孔靠前。肛门两侧各有一无毛区称鼠蹊部，鼠蹊腺开口于此，家兔特有的气味即此腺体分泌物。雌兔泄殖孔称阴门，阴门两侧隆起形成阴唇。雄兔泄殖孔位于阴茎顶端，成年雄兔肛门两侧有1对明显的阴囊，生殖时期，睾丸由腹腔坠入阴囊内。

兔四肢在腹面，出现了肘和膝。前肢短小，肘部向后弯曲，具5指；后肢较长，膝部向前弯曲，具4趾，第1趾退化，指（趾）端具爪。

（4）尾：短小，位于躯干末端。

（二）内部解剖

主要比较动物的消化、循环、呼吸和泄殖系统。

1. 环毛蚓

用剪刀沿身体背面背中线略偏右侧处避开背血管剪开体壁，从肛门剪到口，注意剪刀尖稍向上挑起，以免损伤内部器官。用镊子在身体前 1/3 处向两侧掀开体壁，可见体腔中相当于体表节间沟处均有隔膜，将体腔分隔成许多小室。用解剖针划开肠管与体壁之间的隔膜联系，将剪开的体壁向两侧展平，并在近切口处用大头针将体壁钉在蜡盘的蜡板上，约每 5 节钉一钉，左右交错，钉的斜度向外。

在 19 节往前，注意不要划伤生殖器官；14 节往前的隔膜越来越厚，需用眼科剪将隔膜剪开。加清水没过环毛蚓，依次观察。

（1）消化系统：体腔中央的一条直管即消化系统，从前至后依次如下。

口腔：位于第 2～3 节内。

咽：位于第 4～5 节内，梨形，肌肉发达。

食道：位于第 6～8 节内，细长形。

嗉囊：位于第 9 节前部，不明显。

砂囊：位于第 9～10 节，球状或桶状，囊壁富肌肉，较发达。

胃：位于第 11～14 节内，细长管状。

肠：自第 15 节向后均为肠，直通肛门。在第 27 节向前伸出 1 对角状的盲肠。

（2）呼吸系统：通过体表扩散来完成。

（3）循环系统：闭管式，经甲醛固定后血管常呈紫黑色。主要观察以下几个部分。

背血管：位于消化管背线中的 1 条长血管。

心脏：连接背、腹血管的环血管，共 4 对，分别在第 7、第 9、第 12 及第 13 节内（不同种环毛蚓的心脏数目和位置存在差异）。

腹血管：消化管腹面的 1 条略细的血管，从第 10 节起有分支到体壁上。

神经下血管：位于腹神经索下面的 1 条很细的血管。小心地将肠管和腹神经索掀开，可看到此血管。

食道侧血管：位于体前端消化管两侧的 1 对较细的血管。

（4）生殖系统：雌雄同体。

1）雄性生殖器官。

精巢囊：2 对，位于第 10、第 11 节内，每囊包含 1 个精巢和 1 个精漏斗，用解剖针戳破精巢囊，用水冲去囊内物，在体视显微镜下可见精巢囊前方内壁上有小白点状物即精巢；囊内后方皱纹状的结构即精漏斗，由此向后通出输精管。

贮精囊：2 对，位于第 11、第 12 节内，紧接在精巢囊之后，呈分叶状，大而明显。

输精管：细线状，两侧的前后输精管各会合成1条，向后通到第18节处，和前列腺管会合，由雄性生殖孔通出。

前列腺：发达，呈大的分叶状，位于第18节及其前后的几节内。

2）雌性生殖器官。

卵巢：1对，在第13节的前缘，紧贴于12/13节隔膜之后方，腹神经索的两侧，呈薄片状。

卵漏斗：1对，位于13/14隔膜之前，腹神经索的两侧，呈喇叭状，后接输卵管。

输卵管：1对，极短，穿过隔膜在第14节腹神经索腹侧汇合后，由雌孔通出。

受精囊：2～4对，在6/8～8/9隔膜的前或后，每一受精囊由梨状坛、坛管和一盲管组成。坛管开口于受精囊孔，盲管末端为纳精囊。

补充：环毛蚓横切面玻片标本的观察。

体壁：体表为一薄层非细胞构造的角质膜，其内侧为表皮层，主要由单层柱状上皮细胞组成。表皮之内是体壁肌肉层，可分为外层较薄的环肌和内层较厚的纵肌。紧贴于纵肌层之内的是由扁平细胞构成的壁体腔膜。有时可见到刚毛自体壁伸出体表。

肠：位于横切面中央。肠壁最内层由单层柱状上皮组成，紧贴于肠上皮外的是肠壁肌肉层，可分为内环肌和外纵肌。肠壁最外层是一层脏体腔膜（黄色细胞）。若切片标本是环毛蚓自盲肠以后横切面，则可见肠壁背面下凹形成一槽，称为盲道。

真体腔：为体壁和肠壁之间的腔，壁体腔膜和脏体腔膜即为真体腔的体腔膜。体腔内，在肠的背面有一背血管，腹面有一腹血管，腹血管之下有一神经索，神经索下有一神经下血管。

2. 棉蝗

将已剪去翅和附肢的棉蝗放置于解剖盘上，用解剖剪自虫体两侧从尾端开始沿气门稍上方向前胸节剪开，头部暂不剪开，取下胸、腹部的背板，依次观察下列各系统。

（1）呼吸系统：观察棉蝗的腹部，自气门向体内有许多白色分支的气管，用镊子取一些放在载玻片上，用低倍显微镜观察气管的结构，可见其内壁具有螺纹；在内脏器官两侧还有许多膨大的气囊。

（2）循环系统：将取下的背板翻转，在内壁近腹部的中央可见到一条管状透明的、由8个心室构成的心脏，每一心室两旁都附着三角形的翼状肌，翼状肌的收缩，使心脏有节律的搏动；心脏前接位于胸部的大动脉。

（3）生殖系统：雌雄异体。

1）雌性生殖器官。

卵巢：1 对，位于消化管的背面，每一卵巢由许多卵巢管组成，卵巢管的端部有一端丝，相互集结成一悬带并伸向前方，附着在后胸背板内壁。

输卵管：1 对，位于卵巢的两侧，前段较粗与卵巢管相接，称为卵萼；后段较细，后行至第 8 腹节腹板（后肠下方），左右汇合成一阴道，以生殖孔开口于导卵器的基部（解剖观察方法同输精管）。

受精囊：1 个，囊状，基部以一细长盘曲的管子与阴道相通。

副性腺：1 对，为卵萼前端一弯曲的管状腺体。

2）雄性生殖器官。

精巢：位于消化管的背方，1 对，左右合并成一长椭圆形结构，由许多精巢管组成。

输精管：1 对，从精巢腹面两侧向后发出。用剪刀分离肛门附近的肌肉，把消化管向腹面扯至一侧，可见输精管一端与精巢相接，另一端绕过后肠至腹面汇合成一射精管，射精管折向背方成一阴茎，开口于生殖下板的背面。

副性腺：位于射精管的前端，为左右两丛小盲管，每丛 12 条，开口于射精管。

贮精囊：1 对，由射精管基部向两侧分出，呈长囊状。

（4）消化系统：除去气管、气囊和生殖器官，露出整条消化道。

前肠：口腔位于消化道的前端，后接短管状的咽，咽后为食道，食道后是膨大的嗉囊，前胃接嗉囊之后，其管壁富有肌肉，外侧被胃盲囊的前半部包围。

中肠（胃）：管状粗长，在与前肠的前胃交界处向前、后伸出指状胃盲囊 6 个。

后肠：分为回肠、结肠、直肠 3 部分，回肠与中肠相接，较粗短，结肠细而弯曲，直肠膨大，内壁增厚形成 6 个纵列的直肠垫（回收水分），末端开口于肛门。

唾液腺：1 对，位于胸部（前胃）腹面两侧，白色呈葡萄状，有细管通至舌的基部。

（5）排泄系统：在中肠与后肠交界处有许多细长的盲管称为马氏管，开口于后肠。

3. 鲤（鲫）

将被击晕的活鲤（鲫）置于解剖盘中，使其腹部向上，用手术刀或剪刀在肛门前与头尾轴垂直方向切开一小口。再使鱼侧卧于解剖盘中，左侧向上。将解剖剪从小口插入，沿腹腔上壁向前上方剪至鳃盖后缘，然后再垂直于头尾轴剪向腹面。最后将左侧体壁向腹面翻开，即可观察各内部器官。

在腹腔，脊柱腹面是白色囊状的鳔。鳔的背面，紧贴于脊柱腹面的深红色组织为肾脏。鳔的腹方两侧是长囊状的生殖腺。在成熟个体中，生殖腺体积很大，占据腹腔的大部分空间，尤其是卵巢特别大。雄性的精巢为乳白色，雌性的卵巢为黄色。腹腔中迂回盘曲的管道为肠管。肠管之间的肠系膜上散漫状分布有暗红色的肝胰脏。在肠管前部背面有一条长条状深红色的脾脏。

（1）生殖系统：由生殖腺（精巢或卵巢）和生殖导管组成。

生殖腺：生殖腺外包有极薄的膜，位于鳔的腹面两侧。雌、雄异体。

雄性：精巢 1 对，呈扁长囊状。性未成熟时呈淡红色，性成熟时呈乳白色。

雌性：卵巢 1 对，性未成熟时为淡橙黄色，呈长带状；性成熟时为黄色，呈长囊状，体积很大，几乎充满整个腹腔，内有许多卵粒。

生殖导管：生殖导管为生殖腺表面被膜向后延伸形成的短管，即输精管或输卵管。生殖导管左右各 1 条，在后端汇合后通入泄殖腔，然后再由泄殖孔通向体外。在性成熟的个体，由于生殖腺的充分发育，生殖导管极短。

观察完毕，向下移开左侧生殖腺，以便观察消化系统。

（2）消化系统：消化系统由消化道和消化腺两部分组成。

口咽腔：鱼类的口腔与咽没有明显的界限，常统称为口咽腔。鳃裂内侧开口处即为咽，其前方则为口腔。口由上、下颌包围而成，口腔背壁由厚的肌肉组成，表面有黏膜，口腔底后半部有一不能活动的呈三角形的舌。鲤（鲫）上、下颌及口腔内无齿，但其第 5 对鳃弓的角鳃骨特别扩大，特化为下咽骨。下咽骨上生有牙齿，称为下咽齿（又称咽喉齿）。下咽齿的数目、形状与食性相关。

食道：位于咽的后方，很短，背面通过鳔咽管与鳔相连。鳔咽管连接点为食道和肠的分界点。食道因有味蕾及发达的环肌，而具有选择食物的功能。

肠：鲤（鲫）无胃的分化。

肠紧接于食道，迂回盘曲于腹腔。肠前粗后细，分化亦不明显，大小肠无明显界限，肠的前部 2/3 为小肠，后部 1/3 为大肠。最后由独立的肛门开口于体外。

鱼类的肠长与其食性相关，一般植食性种类肠管较长，肉食性种类肠管较短。鲤、鲫杂食性，其肠长为体长的 2～3 倍；草鱼、鲢植食性，其肠长为体长的 6～7 倍；肉食性的鳜、乌鳢等的肠仅为体长的 1/3～3/4 倍。

肝胰脏：消化腺主要是肝脏和胰脏。鲤（鲫）的胰腺细胞弥散地分布于肝脏之中，两者的区别虽可在组织切片中观察到，但肉眼却无法分辨，故统称为肝胰脏。肝胰脏暗红色，无固定形状，散布于肠系膜上。

胆囊：椭圆形，深绿色，位于肠前部距食道不远的右侧面，大部分埋于肝胰脏内。由胆囊发出粗短的胆管，开口于肠前部。

（3）鳔：鳔位于消化系统的背面，为白色、中空的囊状器官。其近中部缢缩，将鳔分成前、后两室。从后室前端腹面伸出一条细长的鳔咽管，向前连于食道背面。这类具鳔咽管的称为喉鳔类，无鳔咽管与食道相连的称为闭鳔类。

（4）呼吸系统：鳃是鱼类的呼吸器官，由鳃弓、鳃耙和鳃片组成。

鳃裂：鲤（鲫）的 5 对鳃裂不直接开口于体外，而有骨质鳃盖遮护，通过鳃盖后缘的鳃孔通向体外。

鳃弓：位于鳃盖之内、咽的两侧，5 对。其中前 4 对鳃弓外侧上长有鳃片，第 5 对鳃弓特化为下咽骨，其上无鳃丝。鳃弓内侧生有鳃耙。

鳃耙：鳃弓内侧凹面的骨质突起称为鳃耙。第 1～4 对鳃弓上各有 2 行鳃耙，左右交错排列。第 1 对鳃弓的外侧鳃耙较长，分类时鳃耙数即指此行的数目。第 5 对鳃弓上只有 1 行鳃耙。鳃耙为摄食器官，用以阻挡食物颗粒随水流带出，同时阻挡水中的沙粒，以免损伤鳃片，对鳃片有保护作用。

鳃耙的数目和形状亦因鱼类的食性不同而异。滤食性种类的长而密，如鲢、鳙。肉食性种类的疏而尖，如鳜等。

鳃片：薄片状，鲜活时呈鲜红色。第 1～4 对鳃弓上各长有 2 片鳃片，每个鳃片称为半鳃，长在同一鳃弓上的 2 片半鳃基部愈合，合称为全鳃。只有 1 片鳃片的称为半鳃。鲤、鲫有 4 对全鳃。

剪下 1 个全鳃，置于盛有清水的培养皿内观察，可见每一鳃片由许多鳃丝组成，每一鳃丝又向两侧突起形成许多鳃小丝（又称鳃小片）。鳃小丝上布满微血管，是气体交换的场所。

横切鳃弓可见 2 个鳃片之间已退化的鳃间隔。

观察完鳃之后，将外侧的 4 对鳃去除，暴露第 5 对鳃弓，可见其上的下咽齿与咽背面的基枕骨腹面角质垫相对，能压碎食物。

（5）循环系统：循环系统主要观察心脏结构、腹大动脉及入鳃动脉。

1）心脏：位于左、右胸鳍之间的围心腔内。用解剖剪剪开喉部打开围心腔（围心腔与腹腔之间有一薄膜相隔），可见心脏。心脏由 1 心室、1 心房和静脉窦等组成。

动脉球：心脏前端白色圆锥形部分，系由腹主动脉基部扩大而成，不能搏动，不属心脏结构。

心室：动脉球之后淡红色的倒圆锥形部分，壁较厚，收缩能力很强，为心脏搏动中心。

心房：位于心室的背侧，暗红色，薄囊状。

静脉窦：位于心房的背侧面，暗红色长囊，壁甚薄，富于弹性（不易观察）。

2）腹大动脉：自动脉球向前发出的一条相当粗大的血管，位于左、右鳃的腹面中央。观察时由动脉球向前小心分离颊部肌肉即可看见。

3）入鳃动脉：由腹大动脉两侧分出成对的分枝，共 4 对，分别进入第 1～4 对鳃弓。

4）脾脏：位于小肠前部背面，细长，深红色。

（6）排泄系统：包括肾脏、输尿管和膀胱。

肾脏：位于腹腔顶壁，紧贴于脊柱下面，呈深红色，狭长形，左右两叶组成。

在鳔的前、后室相接处，肾脏扩大使此处的宽度最大。

输尿管和膀胱：肾脏左右两叶各从最宽处发出 1 条细管成输尿管。输尿管沿腹腔背壁向后延伸，在将近末端处汇合，通入略扩大的膀胱，然后再入泄殖腔，由泄殖孔通到体外。

4. 牛蛙

用下列方法处死牛蛙。

脑震荡击昏：握住蛙的躯干部，用小锤或刀背敲击蛙头的背面；或用手握住蛙腿，将其头的背面在硬物上猛击。

乙醚麻醉。

毁蛙脑：左手握蛙，背部向上，中指抵住蛙胸部，拇指按住蛙背，用食指上抬蛙的头部，使头与脊柱相连处凹入。右手持解剖针，自两眼之间沿中线向后触划，当触到凹陷处即为枕骨后凹。将解剖针由凹陷处 45°角刺入，将针尖从枕骨大孔向前穿入颅腔，并左右摆动切断脑组织。

处死后，首先观察口咽腔内结构。

（1）口咽腔：是消化系统和呼吸系统的共同器官。用镊子使蛙口张开，可观察到以下结构。

口腔齿：上、下颌边缘各有 1 行细而尖锐的颌齿。口腔背面两侧的犁骨上有 2 丛细齿，为犁骨齿（内鼻孔之间）。

内鼻孔：1 对，位于口腔顶壁近吻端处。用解剖针从外鼻孔穿入，可见针尖由内鼻孔处穿出。

舌：在口腔底部，前端着生于下颌前端内侧，舌尖向后伸向咽部，后端游离、分叉，捕食时可反转伸出口腔外。舌柔软、肉质，用手指触摸有黏滑感。

喉门：位于舌尖后方，呈裂缝状，由 1 对半月形的软骨围成，两软骨间的裂缝即为喉门，为气管在咽部的开口，内通肺。

咽（食道口）：位于口腔深处，喉门的背面，为一皱襞状开口，向后通食道。

耳咽管孔：位于口腔顶壁的两侧，近口角处，为中耳的耳咽管（又称欧氏管）向口腔的开孔，又称欧氏孔。用解剖针由此孔探入，可通到鼓膜。

声囊孔：在雄蛙口腔底部两侧，近口角处，有 1 对皮膜凹陷，即为声囊孔。

将蛙置于蜡盘上，腹部朝上，四肢伸展后用大头针固定。用镊子提起腹面皮肤，用剪刀剪开一小口，并从小口处向前将腹面皮肤剪开，至下颌前端。向后剪至两后肢基部之间、泄殖孔稍前方。然后将皮肤向两侧拉开，可见皮肤与皮下肌肉连接松散，两者之间较大间隙为皮下淋巴腔，翻看皮肤内侧可见分布有丰富的血管。

再用镊子提起腹部肌肉，用剪刀沿腹中线略偏左侧（避开腹大静脉），剪开腹壁至肩带的剑突，然后向左、向右剪开。小心剥离腹壁上的腹大静脉，再将腹壁向两侧翻开，用大头针固定在蜡盘上，暴露内脏。可见心脏位于体腔前端，外由包心膜包裹。心脏背面两侧的囊状器官为肺（有时肺囊会充气如吹胀的气球）。肝脏、胃等位于心脏的后方。

观察完各器官系统的相对位置后，再在中间剪开肩带，并小心向左右两侧剥离，进行内部结构观察。

（2）消化系统。

食道：用钝镊子由口咽腔的食道口（咽）向内插入，可见心脏背面有白色短管与膨大的胃相通，此即为食道。食道向前开口于口咽腔，向后与胃相通。

胃：为食道后端连接的稍弯曲的白色膨大囊状结构，部分被肝脏所遮盖，位于心脏背面。胃前端较粗，为贲门，与食道相连；后端较细，为幽门，接十二指肠。

肠：可分为小肠和大肠两部分。小肠自胃幽门开始，最前段为十二指肠，其后向右后方弯转并继而盘曲在体腔右后部，为空回肠。空回肠后端与大肠相连。大肠膨大而较短，又称直肠，末端通入泄殖腔，由泄殖孔开口于体外。

肝脏：位于体腔前端心脏的后方，棕褐色，分为 3 叶，其中左右两叶较大，中叶较小。在中叶腹面、左右两叶之间有绿色圆形的胆囊。

胰脏：为一长条淡红色或淡黄色不规则的腺体，位于胃及十二指肠间弯曲处的肠系膜上。

脾：在大肠前端肠系膜上，有一暗红色的小球，为脾，是淋巴器官，与消化无关。

（3）呼吸系统：成蛙以肺和皮肤进行呼吸。呼吸系统包括鼻、口咽腔、喉门、气管和肺等。

鼻：外鼻孔 1 对，空气由外鼻孔、内鼻孔进入口咽腔。

气管：粗短，位于心脏背面、食道腹面，略透明，以喉门开口于口咽腔。气管后端分为两支分别通入左、右肺囊。

肺：在心脏背面有 1 对粉红色、薄囊状结构，即为肺囊。剪开肺壁，可见其内表面分隔简单，呈蜂窝状，其上密布血管，便于进行气体交换。

（4）排泄系统。

肾脏：1 对，深红色，长条形，位于体腔后部，紧贴于背壁脊柱两侧（若剥离其表面的体腔膜可看得更清楚）。肾脏腹缘有 1 条橙黄色的肾上腺，为内分泌腺体。

输尿管：由肾脏外缘近后端发出的 1 对细长、红色管道，为中肾管，向后通入泄殖腔。

膀胱：位于体腔后端腹面中央，为薄膜状，分左右两叶。当膀胱被尿液充盈时，其形状明显。

（5）生殖系统。

1）雄性生殖器官。

精巢：1 对，淡黄色，长椭圆形，位于肾脏腹面内侧。

输精小管和输精管：用钝镊子轻轻提起精巢，对光观察可见由精巢发出许多细管（即输精小管）通入肾脏前端。进入肾脏后经集合细管，再汇入输尿管，因此雄蛙的输尿管兼有输精的功能。

脂肪体：位于精巢前端的黄色指状体，其大小在不同季节变化较大。

成熟精子通路：精巢→输精小管→肾脏（集合细管）→输尿管（输精管）→泄殖腔→泄殖孔→体外。

2）雌性生殖器官。

卵巢：1 对，位于肾脏前端。形状、大小、颜色等随季节不同而有较大的差异。未成熟时，卵巢较小，淡黄色。在生殖季节，卵巢发育良好，体积极度膨大，内有大量黑色、颗粒状的卵粒。

输卵管：左右各 1 条，乳白色，位于输尿管外侧，迂回弯曲以薄膜连接于体腔背壁，前端以喇叭口开口于肺的旁边，后端在接近泄殖腔处膨大为囊状，称为子宫。子宫开口于泄殖腔背壁。

脂肪体：1 对，与雄性相似。临近冬眠时体积较大。

卵子通路：卵巢→体腔→喇叭口→输卵管→子宫→泄殖腔→泄殖孔→体外。

（6）循环系统。

1）心脏：心脏位于体腔前端胸骨背面，外被包心膜。用镊子夹起包心膜，小心将它剪开撕破，露出心脏。

心室：1 个，为心脏后端厚壁部分，圆锥形，心室尖向后。

心房：左右各 1 个，为心脏前部的薄壁、有皱襞的囊状部分。

静脉窦：用钝镊子轻轻提起心室，将心脏向前翻起，观察其背面，可见静脉窦。静脉窦为心脏背面一暗红色倒三角形的薄壁囊，开口于右心房。

2）动脉圆锥：由心室腹面右上方发出的 1 条较粗的肌质管，色淡。动脉圆锥后端通心室，稍膨大；前端分为 2 支，即左、右动脉干。

3）动脉弓：用尖镊子仔细剥离心脏前方左、右动脉干周围的结缔组织和肌肉，可见左、右动脉干穿出包心膜后，每支又分为 3 支，即颈动脉弓、肺皮动脉弓和体动脉弓。

5. 家鸽

用下列方法将家鸽处死：

（1）一手握住家鸽双翼并紧压腋部，另一手以拇指和食指压住蜡膜，中指托住颏部，使鼻孔与口均闭塞，使其窒息而死。

（2）将鸽的整个头部浸入水中，使其窒息而死。

（3）用少量脱脂棉浸以乙醚或氯仿缠于鸽喙，使其麻醉致死。

将鸽背位置于解剖盘中，用水打湿腹侧羽毛，一手压住皮肤，另一手顺向拔去颈、胸和腹部的羽毛。用手术刀沿龙骨突起切开皮肤，切口前至嘴基，后至泄殖腔孔前缘。用刀柄分离腹面的皮肤和肌肉，向两侧拉开皮肤，即可看到气管、食管、嗉囊和胸大肌。注意小心分离颈部皮肤，以免把嗉囊扯破。

沿龙骨两侧及叉骨边缘小心切开胸大肌，留下肱骨上端肌肉止点处，下面即露出胸小肌，用同样方法把它切开。试牵动胸大肌和胸小肌，了解其机能。

用骨剪沿着胸骨与肋骨连接处剪断肋骨，同时也剪断乌喙骨与叉骨连接处，再向后剪开腹壁，直至泄殖腔孔前缘。将胸骨与乌喙骨等揭去。此时可首先看清几对气囊及内脏器官的自然位置。

（1）消化系统。

1）消化管。

口腔：剪开口角观察。口内无齿，顶部有一纵裂，内鼻孔开口于此。底部有舌，其前端呈箭头状，尖端角质化。口腔后部为咽。

食管：为咽后一薄壁长管，沿颈腹面左侧下行，在颈的基部膨大成嗉囊。

胃：由腺胃和肌胃组成。腺胃又称前胃，上端与嗉囊相连，呈长纺锤形，掀开肝脏即可见。剪开腺胃观察，内壁上有许多乳状突，其上有消化腺开口。肌胃又称砂囊，为一扁圆形的肌肉囊。剖开肌胃，可见胃壁为很厚的肌肉壁，其内表面覆有硬的角质膜，呈黄绿色，胃内有许多砂石。

十二指肠：在腺胃和肌胃交界处，由肌胃通出一小段呈“U”形弯曲的小肠。

小肠：细长盘曲，最后与直肠相连通。

直肠（大肠）：短而直，末端开口于泄殖腔。在直肠与小肠交界处，有 1 对豆状盲肠。

2）消化腺。

胰脏：略展开十二指肠“U”形弯曲之间的肠系膜可见淡黄色的胰脏，分为背、腹、前 3 叶。由腹叶发出 2 条、背叶发出 1 条胰管通入十二指肠。

肝脏：红褐色，位于心脏后方。分左右 2 叶，掀开右叶，在其背面近中央处伸出 2 条胆管，通入十二指肠。

此外，在肝胃间的系膜上有一紫红色、近椭圆形的脾脏，为造血器官。

（2）呼吸系统。

外鼻孔：开口于蜡膜前下方。

内鼻孔：位于口腔顶部中央纵行沟内。

喉：位于舌根之后，中央的纵裂为喉门。

气管：由环状软骨环支撑，向后分为左、右两支气管入肺。左、右支气管分叉处有一较膨大的鸣管，是鸟类特有的发声器。

肺：左右 2 叶，淡红色，海绵状，紧贴在胸腔背方的脊柱两侧。

气囊：膜状囊，分布于颈、胸、腹和骨骼的内部（可在剖开体腔后，从喉门插入玻璃管，吹入空气后结扎气管，以使气囊及肺胀大而便于观察）。

（3）循环系统。

心脏：位于胸腔内。用镊子拉起心包膜，纵向剪开并除去心包膜，可见心脏呈圆锥形，前面褐红色的扩大部分是心房，后面颜色较浅者为心室。观察动、静脉系统后，取下心脏进行解剖，观察其内部构造。

动脉系统：稍提起心脏，可见由左心室发出向右弯曲的右体动脉弓，它向前分出 2 支较粗的无名动脉。左右无名动脉又各分出 2 支动脉，向前的 1 支是颈总动脉，外侧的 1 支是锁骨下动脉。用镊子轻轻提起右侧的无名动脉，将心脏略往下拉，可见右体动脉弓转向背侧后，成为背大动脉。背大动脉沿脊柱后行，沿途发出许多血管分布到身体各处。再将左右无名动脉略提起，可见右心室发出的肺动脉分成左、右 2 支后，左肺动脉直接进入左肺，右肺动脉绕向背侧，从主动脉弯曲处后面进入右肺。

静脉系统：体静脉由 2 条前大静脉和 1 条后大静脉组成，在左、右心房前方粗而短的静脉干为前大静脉，它由颈静脉、锁骨下静脉和胸静脉汇合而成，这些静脉多与同名动脉伴行，较容易看到。将心脏提起，可见 2 条前大静脉的后端都入右心房；后大静脉从肝脏伸出，在 2 条前大静脉之间进入右心房。肺静脉由每侧肺伸出，通常每侧肺有 1 条肺静脉，但有时有 2 条，都伸到前大静脉的背方，进入左心房。

（4）泌尿生殖系统：除去消化管进行观察。

泌尿器官：肾脏 1 对，紫褐色，长扁形，各分为 3 叶，贴附于体腔背壁，每肾发出一输尿管向后行，通入泄殖腔。无膀胱。

泄殖腔：为消化、泌尿生殖系统最终汇入的 1 个共同腔。球形，以泄殖腔孔与外界相通。在泄殖腔背面有一黄色圆形盲囊，与泄殖腔相通，称腔上囊，是鸟类幼体特有的淋巴器官。

雄性生殖器官：睾丸 1 对，乳白色，卵圆形，位于肾脏前端。输精管由睾丸后内侧伸出，细长而弯曲，向后延伸与输尿管平行进入泄殖腔，在接近泄殖腔处膨大为贮精囊。睾丸和输精管之间有不明显的附睾。

雌性生殖器官：右侧卵巢、输卵管退化。左侧卵巢位于左肾前端，黄色。卵巢后方附近有弯曲的输卵管，其前端为喇叭口，靠近卵巢，开口于腹腔，后端通入泄殖腔。

6. 家兔

一般采用空气栓塞法。将兔置兔笼内，兔头伸出笼外，兔笼盖扣紧。向兔耳缘静脉注入 10～20mL 空气，使之缺氧而死。

将已处死的家兔背位置于解剖台上，展开四肢并用绳固定。用棉花蘸水润湿腹中线的毛，用剪毛剪沿腹中线剪去泄殖孔前至颈部的毛。左手持镊子提起皮肤，右手持手术剪沿腹中线自泄殖孔前至下颌底将皮肤剪开，再从颈部向左右横剪至耳廓基部，沿四肢内侧中央剪至腕和踝部。左手持镊子夹起剪开皮肤的边缘，右手用手术刀分离皮肤和肌肉。然后沿腹中线剪开腹壁，沿胸骨两侧各 1.5cm 处用骨钳剪断肋骨。左手用镊子轻轻提起胸骨，右手用另一镊子仔细分离胸骨内侧的结缔组织，再剪去胸骨，分离至胸骨起始处时须特别小心，以免损伤由心脏发出的大动脉。此时可见家兔的胸腹腔由横隔膜分为胸腔和腹腔。观察胸腔和腹腔内各器官的正常位置，再剪开横隔膜边缘及第 1 肋骨至下颌联合的肌肉，使兔颈部及胸、腹腔内的脏器全部暴露。以上操作中，剪刀尖应向上翘，以免损伤内脏器官和血管。

（1）消化系统。

1）消化管。

口腔：沿口角两侧将颊部剪开，清除咀嚼肌，再用骨剪剪开两侧下颌骨与头骨的关节，将口腔全部揭开。口腔的前壁为上下唇，两侧壁是颊部，顶壁的前部是硬腭，后部是肌肉性软腭，软腭后缘下垂，把口腔和咽部分开。口腔底部有发达的肉质舌，其表面有许多乳头状突起，其中一些乳头内具味蕾。兔有发达的门齿而无犬齿，上颌有前后排列的 2 对门齿，前排门齿长而呈凿状，后排门齿小；前臼齿和臼齿短而宽，具有磨面。

咽部：软腭后方的腔为咽部。近软腭咽处可见 1 对小窝，窝内为腭扁桃体。沿软腭的中线剪开，露出的空腔即鼻咽腔，为咽的一部分。鼻咽腔的前端是内鼻孔。在鼻咽腔侧壁上有 1 对斜行裂缝为耳咽管孔，咽部背面通向后方的开孔是食道口，咽部腹面的开孔为喉门，在喉门外有 1 个三角形软骨小片为会厌软骨。

食管：气管背面的 1 条直管，由咽部后行伸入胸腔，穿过横隔进入腹腔与胃连接。

胃：囊状，一部分被肝脏遮盖。与食管相连处为贲门，与十二指肠相连处为幽门。胃的前缘称为胃小弯，后缘称为胃大弯。

肠：分小肠与大肠。小肠又分十二指肠、空肠和回肠；大肠分结肠和直肠；大小肠交接处有盲肠。

十二指肠连于幽门，呈“U”形弯曲。用镊子提起十二指肠，展开“U”形弯曲处的肠系膜，可见在十二指肠距幽门约 1cm 处，有胆管注入；在十二指肠后段约 1/3 处，有胰管通入。空肠前接十二指肠，后通回肠，是小肠中肠管最长的一段，形成很多弯曲，呈淡红色。回肠是小肠最后一部分，盘旋较少，颜色略深。回肠与结肠相连处有一长而粗大发达的盲管为盲肠，其表面有一系列横沟纹，游离端细而光滑称为蚓突。回肠与盲肠相接处膨大形成一厚壁的圆囊，称为圆小囊（为兔所特有）。大肠包括结肠、直肠，结肠可分为升结肠、横结肠、降结肠 3 部，管径逐渐狭窄，后接直肠。直肠很短，末端以肛门开口于体外。

2）消化腺。

唾液腺：4 对，分别为耳下腺、颌下腺、舌下腺和眶下腺。

肝脏：红褐色，位于横隔膜后方，覆盖于胃。肝有 6 叶，即左外叶、左中叶、右中叶、右外叶、方形叶和尾形叶。胆囊位于右中叶背侧，以胆管通十二指肠。

胰脏：散在十二指肠弯曲处的肠系膜上，为粉红色、分布零散而不规则的腺体，有胰管通入十二指肠。

另外，沿胃大弯左侧有一狭长形暗红褐色器官，即脾脏，是最大的淋巴器官。

（2）呼吸系统。

鼻腔和咽：前端以外鼻孔通外界，后端以内鼻孔与咽腔相通，其中央有鼻中隔将其分为左右两半。

喉头：位于咽的后方，由若干块软骨构成，将连于喉头的肌肉除去以暴露喉头。喉腹面为 1 块大的盾形软骨，是甲状软骨，其后方有围绕喉部的环状软骨。在观察完其他构造后，将喉头剪下，可见甲状腺前方有会厌软骨，环状软骨的背面前端有 1 对小型的杓状软骨，喉腔内侧壁的褶状物即声带。

气管及支气管：喉头之后为气管，管壁由许多半环形软骨及软骨间膜所构成。气管到达胸腔时，分为左右支气管而进入肺。

肺：位于胸腔内心脏的左右两侧，呈粉红色海绵状。

（3）泄殖系统。

1）排泄器官：肾脏 1 对，为红褐色的豆状器官，贴于腹腔背壁，脊柱两边，肾的前端内缘各有一黄色小圆形的肾上腺（内分泌腺）。除去遮于肾表面的脂肪和结缔组织，可看到肾门。由肾门各伸出一白色细管即输尿管，沿输尿管向后清理脂肪，注意它进入膀胱的情况。膀胱呈梨形，其后部缩小通入尿道。雌性尿道开口于阴道前庭，雄性尿道很长，兼作输精用。

2）雄性生殖器官：睾丸（精巢）1 对，白色卵圆形，非生殖期位于腹腔内，生殖期坠入阴囊内。若雄兔正值生殖期，则在膀胱背面两侧可找到白色输精管，沿输精管走向找到索状粉白色的精索（精索由输精管、生殖动脉、静脉、神经和腹膜褶共同组成），用手提拉精索将位于阴囊内的睾丸拉回腹腔进行观察。睾丸背侧有一带状隆起为附睾，由附睾伸出的白色细管即输精管。输精管沿输尿管腹侧行至膀胱后面通入尿道。

3）雌性生殖器官：卵巢 1 对，椭圆形，淡红色，位于肾脏后外方，其表面常有半透明颗粒状突起。输卵管 1 对，为细长迂曲的管子，伸至卵巢的外侧，前端扩大呈漏斗状，边缘多皱褶呈伞状，称为喇叭口，朝向卵巢，开口于腹腔。输卵管后端膨大部分为子宫，左右两子宫分别开口于阴道。阴道为子宫后方的一直管，其后端延续为阴道前庭，前庭以阴门开口于体外。阴门两侧隆起形成阴唇，左右阴唇在前后侧相连，前联合呈圆形，后联合呈尖形。前联合处还有一小突起，称为阴蒂。

（4）循环系统。

1）心脏及其周围大血管。

心脏：位于胸腔中部偏左的围心腔中，仔细剪开围心膜（心包），可见心脏近似卵圆形，其前端宽阔，与各大血管连接部分为心底，后端较尖，称心尖。在近心脏中间有一围绕心脏的冠状沟，沟后方为心室，前方为心房。左右 2 室的分界在外部表现为不明显的纵沟。左右心房的外表分界不明显。待观察动、静脉系统后，把心脏周围的大血管在距心脏不远处剪断，取出心脏，用水洗净。剖开心脏，仔细观察左、右心房和左、右心室结构，血管与心脏 4 腔的连通情况，弄清各心瓣膜的位置与结构，与心脏相连的大血管介绍如下。

体动脉弓：由左心室发出的粗大血管，发出后不久即向前转至左侧再折向后方，从而形成弓形。

肺动脉：由右心房发出的大血管，发出后在 2 心房之间向左弯曲。清除围绕大动脉基部的脂肪，可见此血管分为左右 2 支，分别进入左右肺。

肺静脉：由左右肺的根部伸出，在背侧入左心房。

左右前大静脉、后大静脉：在右心房右后侧汇合后，进入右心房。

2）动脉系统：由右、左心室发出的肺动脉、体动脉弓及其发出的分支动脉组成。

由心室发出的肺动脉弓、体动脉弓及其发出的分支动脉组成动脉系统。

由体动脉弓基部发出冠状动脉分布于心脏。体动脉弓向左弯曲的弓形处向前发出 2 支动脉，右侧的为无名动脉，左侧的为左锁骨下动脉。

无名动脉：很短，向前延伸不久即分出 3 支血管，由左向右依次为左颈总动脉、右颈总动脉和右锁骨下动脉。

锁骨下动脉：左、右锁骨下动脉分别沿两侧第一对肋骨进入前肢，伸入上臂后称为肱动脉。供应前肢的血液。

颈总动脉：沿气管两侧伸向头部，前行至下颌角处，分为颈内动脉（细小）和颈外动脉（粗）。颈内动脉绕向外侧背方进入脑颅，供应脑的血液。颈外动脉供应头部和颜面部的血液。

背大动脉：体动脉弓在分出左锁骨下动脉和无名动脉后，向左弯曲，从心脏的背面沿胸腔和腹腔的背中线后行，称为背大动脉。用镊子将心脏、胃、肠等移向右侧，可见背大动脉沿途发出分支到躯干、内脏和后肢。

3）静脉系统：除肺静脉外，主要有 1 对前大静脉和 1 条后大静脉，汇集全身的静脉血返回心脏。静脉血管外观上呈暗红色。

前大静脉：分左右 2 支，由左右锁骨下静脉和左右颈总静脉汇合而成，并有肩、胸、前背等的静脉注入，最后进入右心房。

后大静脉：由内脏、后肢和体壁的众多血管汇合而成，通入右心房。在注入处与左、右前大静脉汇合。汇入后大静脉的主要血管有：髂外静脉（1 对）、髂内静脉（1 对）、髂腰静脉（1 对）、生殖腺静脉（1 对）、肝门静脉、肝静脉、肾静脉（1 对）、腰静脉及尾静脉。

肝门静脉：将肝各叶转向前方，其他内脏掀向左侧，把肝十二指肠韧带展开，使胃与肝远离，但不可将韧带撕裂。在此韧带里有一粗大静脉，即肝门静脉。肛门静脉收集胰、胃、脾、十二指肠、小肠、结肠、直肠、大网膜的血液，送入肝脏。

奇静脉：位于胸腔的背侧、紧贴背大动脉右侧，收集肋间静脉血液，在右前腔静脉即将入右心房处，汇入右前腔静脉。

五、作业与思考

1. 根据实验体会，总结、列举各类动物适应环境的主要特征。
2. 通过实验观察，绘制一个自己感兴趣动物的器官或系统结构示意图。
3. 身体分节有何意义？

实验 16　玻片法鉴定 ABO 血型

血型就是红细胞膜上特异抗原的类型。红细胞表面上有镶嵌在膜上的糖蛋白和糖脂构成的抗原，而血清中有抗体。正常情况下，红细胞均匀分布在血液中，当加入其他个体的血清时，有时会使红细胞凝集成团，这个凝集是一种免疫反应。根据这一反应，发现人类血液存在若干类型。在了解供血者的红细胞能否被受血者血清所凝集的情况下，输血成为安全有效的医疗措施而被广泛应用。人类和哺乳动物的血型是进化的产物。自人类第一个血型系统——ABO 血型系统被发现以来，已有很多血型系统识别出来，仅红细胞抗原就发现了 400 多种，每种抗原都能引起抗原-抗体反应。除了 ABO 抗原系统和 Rh 系统外其他的因子很少引起输血反应，但具有理论上和法医上的意义。

一、实验目的

1. 熟悉 ABO 血型鉴定的原理和方法。
2. 充分认识输血时血型不合所造成的严重后果。

二、实验原理与内容

本次实验采用最基本的红细胞凝聚实验鉴定 ABO 血型系统中最常见的 4 种

表型即AB型、A型、B型和O型。ABO血型是根据红细胞的表面抗原来决定的。

在ABO血型系统中，红细胞膜上抗原具有A和B两种抗原，而血清抗体分为抗A和抗B两种抗体。A抗原加抗A抗体或B抗原加抗B抗体，则产生凝集现象。血型鉴定是将受试者的红细胞加入标准A型血清（含有抗B抗体）与标准B型血清（含有抗A抗体）中，观察有无凝集现象，从而测知受试者红细胞膜上有无A或/和B抗原。在ABO血型系统，根据红细胞膜上是否含A、B抗原而分为A、B、AB、O 4种类型（表16-1）。

表16-1　ABO血型中的抗原和抗体

血型	红细胞膜上所含的抗原	血清中所含的抗体
O	无A和B	抗A和抗B
A	A	抗B
B	B	抗A
AB	A和B	无抗A和抗B

三、实验材料与用品

1. 器械：低倍显微镜，采血针，消毒注射器，玻片，小试管，竹签，棉球，记号笔。

2. 试剂：标准A血清，标准B血清，生理盐水，75%乙醇，碘酒。

四、实验操作步骤

（1）取玻片一块，用干净纱布轻拭使之洁净，在玻片两端用记号笔标明A及B，并分别各滴入A及B标准血清一滴。

（2）细胞悬液制备：从指尖或耳垂取血一滴，加入含1mL生理盐水的小试管内，混匀，即得约5%红细胞悬液。采血时应注意先用75%乙醇消毒指尖或耳垂。

（3）用滴管吸取红细胞悬液，分别各滴一滴于玻片两端的血清上，注意勿使滴管与血清相接触。

（4）竹签两头分别混合，搅匀。

（5）10～30min 后观察结果。如有凝集反应可见到呈红色点状或小片状凝集块浮起。先用肉眼看有无凝集现象，肉眼不易分辨时，则在低倍显微镜下观察，如有凝集反应，可见红细胞聚集成团。

（6）判断血型：根据被试者红细胞是否被A、B型标准血清所凝集，判断其血型。

五、作业与思考

1. 测定自己的血型种类。
2. 除 ABO 血型系统外，其他血型分类系统还有哪些？

实验 17　人体脉搏和血压的测量

血液循环的动力来自心脏的收缩，每次心脏从收缩到舒张的过程称为心动周期。在每个心动周期中，由于心脏节律性的收缩和舒张引起主动脉血液的容积和压力发生变化，从而使动脉管壁有节律的拉紧和放松，这种搏动，称为动脉脉搏。人的正常脉搏率在 60～100 次/min。血压是血管内血液对血管壁所施加的侧外力。一般采用间接法测定的人体血压是肱动脉的血压。在一个心动周期中，动脉血压随着心室的收缩和舒张而发生规律性波动。血压的大小取决于左心室每次压入动脉的血量和血管对血流的阻力。正常成人的血压舒张压为 60～90mmHg[①]，收缩压为 90～140mmHg。脉搏和血压在医学上都是常用的生理检测指标。

一、实验目的

1. 了解脉搏产生的机制和影响因素，理解测定动脉血压的原理。
2. 学习掌指脉搏和血压的测量方法。
3. 通过实践学习，了解心脏活动的基本规律和评价心脏机能的基本指标，观察某些因素对动脉血压的影响，血型用生物统计学简易处理方法处理数据。

二、实验原理与内容

动脉脉搏可以沿着动脉管壁向外周血管传播，其传播速度远比血流速度快。因此在心动周期中，血液因心脏的活动而产生周期性的变化，外周血管也会出现相应的变化；这种变化可以通过放置在浅表动脉处的传感器感受到，并通过与传感器相连的记录系统记录到，成为脉搏图。正常人的脉搏和心跳是一致的，脉搏听诊是临床诊断的重要手段之一。由于小动脉和微动脉对血流的阻力很大，故在

① $1mmHg=1.333\ 22\times10^{2}Pa$

微动脉段以后脉搏波动大大减弱。到毛细血管，脉搏已基本消失。本实验通过指脉传感器测试手指端的脉搏。

血液在血管内流动时一般没有声音，但如果血液通过狭窄处形成湍流时，便会使血管壁振动而发出声音。当将空气打入缠于上臂的袖带内使其压力超过收缩压时，则完全阻断了肱动脉内的血流，此时在被压迫的肱动脉远端听不到声音，也触不到桡动脉的搏动。如缓慢放气，降低袖带内压，当其压力刚低于收缩压而高于舒张压时，血液便断续地冲过受压血管，形成涡流使血管壁振动而发出声音，此时即可在被压的肱动脉远端听到。如继续放气，当外加压力等于舒张压时，则血管内血流由断续变成连续，声音便会突然由强变弱或消失。因此当听到第一声音时的最大外加压力相当于收缩压；而当声音突然由强变弱或消失前最后声响时的外加压力则相当于舒张压。

三、实验材料与用品

Biopac 生理信号采集处理系统、指脉传感器、心电导连线、电极、听诊器、水银血压计、酒精棉球、冰水。

四、实验操作步骤

（一）指脉的测定

1. 实验准备

将指脉传感器用尼龙扣裹在右手食指指肚端，指脉传感器导线连接至BIOPAC生理信号采集系统的MP35通道1。心电电极采用标准导联与受试者相连：正（红）、负（百）电极分别与左下肢和右上肢相连，地（黑）电极与右下肢相连；心电电极接线至通道2。运行 BIOPAC 的 Student Lab Program，选择人体指脉和心电测试课程 L07-ECG&P-1，输入文件名。

2. 校准

受试者保持放松、安静状态坐在有靠背的手扶椅上，手放在椅子的扶手上，选择 Calibrate，点击 OK，约 8s 后，校准自动停止。若能看到清晰的无干扰的心电和指脉图，则表明校准成功，若不满意校准结果，可重新进行校准。

3. 指脉测试

（1）受试者保持放松、安静状态坐在有靠背的手扶椅上，右手（测试手）放在椅子的扶手上，记录信号 15s 左右。得到指脉和心电信号。

（2）受试者将右手举过头顶，在安静状态下，记录信号 60s 左右。

（3）松开测试电极和指脉传感器，让受试者做原地蹲起运动，1min 内完成 30 个，共做 2min。运动后立即开始测试，记录信号 30s 左右。

（二）血压的测定

1. 熟悉血压计构造

血压计由检压计、压脉带和打气球 3 部分组成，检压计有一个标着 0～40kPa（0～300mmHg）刻度的玻璃管，上端通大气，下端和水银储槽相通，其间有一开关；压脉带是一个外包布套的长方形橡皮囊，借橡胶管分别和检压计的水银储槽及打气球相通；打气球是一个带有阀门螺丝的卵圆形橡皮囊，供充气或放气用。

2. 测量方法

（1）让受试者坐位休息 5min，脱去一臂衣袖，准备测量。

（2）松开橡皮球螺丝帽，排尽袖带内气体后将螺丝帽旋紧。

（3）让受试者前臂平放于桌面上，手掌向上，使前臂与心脏位置等高。袖带缠绕的松紧应合适，且袖带下缘至少位于肘关节上 2cm，充分暴露肱动脉听诊部位。

（4）听诊器耳器塞入外耳道时应务必使耳器的弯曲方向与外耳道一致。

（5）肘窝内侧触到肱动脉搏动后。将听诊器胸器置于上面，准备测量。

（6）挤压橡皮球开始向袖带内加压充气，使血压计水银柱逐渐上升到 180～200mmHg 时，即开始松开气球螺丝帽，徐徐放气，以减小袖带内压力，在水银柱缓缓下降的同时，仔细听诊，同时观察水银柱数值。重复测定 2～3 次。

3. 测定项目

（1）正常动脉血压。

（2）运动后的血压。

（3）冰水刺激后的血压（1min）。

（4）加深加快呼吸后的血压（1min）。

五、实验结果与分析

1. 比较不同实验条件下[指脉测定（1）、（2）、（3）]波形、脉搏和心电变化的异同。

2. 人体不同条件下测量的动脉血压，数据以表格形式列出（表 17-1）。

表 17-1　不同条件下测量的动脉血压

测量项目/mmHg	第一次	第二次	第三次	平均值
正常动脉血压（收缩压/舒张压）				
运动后的血压（收缩压/舒张压）				
冰水刺激后的血压（收缩压/舒张压）				
加深加快呼吸后的血压（收缩压/舒张压）				

六、作业与思考

1. 分析影响脉搏的因素。

2. 根据脉搏波可以识别心脏波形周期的哪些成分（如心房收缩、心房舒张、心室收缩、心室舒张）？

3. 手臂位置发生变化后，指脉的幅度和频率是否有变化？解释发生变化的机制。

4. 成人的正常动脉血压数值在什么范围内？

5. 动脉血压是否受运动、情绪状态与心态（比如亢奋、疲倦）、呼吸频率等因素的影响？

第四单元　生物与环境——生态与可持续发展

实验 18　大学校园生态系统调查

在自然界，一定时空条件下的动物、植物和微生物共同组成生物群落，每一种生物都不是孤立存在的，通过能量流动和物质循环与其生存环境相互联系相互作用，共同形成一种自然的体系，这样的整体就是生态系统。换句话说，生态系统就是在一定时间内，一定空间内的生物和它们的自然环境之间进行能量和物质交换所形成的生态学功能单位。

城市生态系统是城市空间范围内居民及其他生物群体与其自然环境系统和人工建造的社会环境系统相互作用形成的网络结构。

一、实验目的

校园生态系统是城市生态系统的组成部分，可以通过对校园生态系统的各组成要素的调查研究，进而分析、反映校园生态系统的结构及各生态要素之间相互联系和影响，从而理解城市生态系统各种组成的复杂性及各种生态各要素之间的相互关系和可协调性。

二、实验原理与内容

位于城市中的大学校园是城市生态系统的一种类型，也是一个相对独立的复杂生态系统，由校园的自然因素和社会因素构成。这些因素之间按照一定的形态结构和相互关系组成一个较特殊的城市校园生态系统。主要包括两方面的内容：城市校园系统整体是否处于良好的发展水平，各因素之间的相互关系是否符合现阶段校园发展目标；各要素的发展水平和协调关系共同决定着城市校园生态系统的状态是否健康。

按城市校园生态系统的组成可以列出如下调查提纲。

1. 校园基本概况：占地面积、校区组成、现有人口、管理机构等。

2. 校园教学与科研组成要素：教师组成、学生组成、教学与实验条件等。

3. 教学服务要素：校园人口、教育系统（中学、小学、幼儿园）、校园教育网点（教学实验楼）、图书馆、医院、餐饮业、文娱设施、行政管理楼、学生宿舍、教工居住区、物业管理、治安管理、垃圾处理、资源消耗、校办工矿企业、邮电通信、银行、工商贸易、交通运输等。

4. 自然要素：校园绿化面积、植物种类、河道（水系）、大气质量、水体质量、噪声质量情况等。

三、实验材料与用品

调查问卷表、实地采集调查记录本、采访记录设备如录音笔等。

四、实验操作步骤

（1）本实验的完成需要学生分组进行，每4～6人一组，完成分项的实验调查，做出分项实验的分析结果，然后全班集体讨论完成总实验的分析和结果。

（2）按上述的内容设计问题，包括校园概况（占地面积、校区组成、现有人口、管理机构）和各组成部分或主要组成成分。问题要简洁明了，主要调查系统是否完善和运行良好。采用实况调查和问卷的方法调查校园内各社会要素的实际情况，分析这些要素在校园生态系统中作用和地位。对校园自然要素主要采取实地调查和问卷调查相结合，实地调查校园的绿地面积、绿化植物种类多少；问卷定性调查绿化水平、空气质量、水体质量、噪声环境质量等，分析自然系统在保证校园整体生态系统中所承载的功能。

（3）参考调查表。

1）社会要素情况实况调查示范表（表18-1，以调查教师队伍成员为例，其他要素的调查学生可自己制作）。

表18-1　大学教师队伍的情况表*

学院名称	人数	性别比例	年龄比例（60～50：49～40：39～30：30以下）	职称比（教授：副教授：讲师：其他教辅人员）	学历比（博士：硕士：其他）
××××学院					
××××学院					
……					

* 为了说明问题学生可自己增加内容

2）社会要素问卷调查示范表（表18-2）。

表 18-2　大学教学服务质量问卷表

要素	调查对象	服务质量的满意程度			不满意的原因
		很满意	一般满意	不满意	
图书馆	学生				
	教师				
医院	学生				
	教师				
餐饮业	学生				
	教师				
文娱设施	学生				
	教师				
……					

3）自然要素调查示范表（表 18-3）。

表 18-3　大学校园自然要素调查表*

组成要素	学生宿舍区	教学区	办公区	教工宿舍区
面积				
绿地面积				
绿化树种				
河道、湖面面积				
……				

* 为了说明问题学生可自己增加内容

4）自然要素质量问卷调查示范表（表 18-4）。

表 18-4　校园自然要素质量问卷表

要素	调查对象	服务质量的满意程度			不满意的原因
		很满意	一般满意	不满意	
绿化质量	学生				
	教师				
空气质量	学生				
	教师				

续表

要素	调查对象	服务质量的满意程度			不满意的原因
		很满意	一般满意	不满意	
水体质量	学生				
	教师				
噪声环境质量	学生				
	教师				
……					

五、实验结果与分析

如何评价一个健康的城市校园生态系统，可以参考如下标准：学校的可持续发展状态，校园生态生态系统结构是否合理，教学、师生员工的生活与外界环境之间的物质、能量和信息交换是否形成良性循环，流动和交流的情况如何；人和自然环境的和谐状态，自然、技术、教学等是否充分融洽；废弃物是否被严格控制在环境承载力范围内，校园生物的健康和成长有无不良影响等。

1. 校园自然环境生态系统特点分析

（1）校园自然生态要素质量水平？

（2）校园自然生态要素对校园生态系统的贡献作用有多大，表现在哪些方面？

2. 校园社会要素合理性分析

（1）校园社区社会要素比较复杂，人口密度是否合理，教育体系是否完善，各项服务设施分布是否合理等。

（2）分析校园的运营状况是否良好，找出其中出现问题的项目。

六、作业与思考

1. 请对校园生态系统的建设进行评价并提出建议。
2. 对校园规划和未来建设的布局提出自己的合理化建议。

实验 19　城市植被生态效应的调查

城市植被普遍是指城市里覆盖着的生活植物，属于以人工种植为主的特殊植物类群，作为城市生态系统的重要组成部分，对改善城市自然条件有不可替代的作用。城市植被对城市植被保护和净化环境的生态效应尤其显著，主要表现在改善城市热岛效应、增加空气湿度、调节环境条件、净化空气、滞留烟尘、降低环境噪声等。所以，在城市中种植绿色植被是美化、净化环境及提高环境质量的重要措施，对促进城市生态系统平衡有着极为重要的意义。

一、实验目的

1. 不同的城市绿地由于植被种类、数量、营建方式的不同，植被产生的生态效应也会有较大的差异。通过城市中不同地点的城市植被生态效应的测定，了解城市中不同植被群落在城市中不同地域空间的生态效益的差异。

2. 掌握测定城市植被生态因子的测定方法。

3. 通过实验了解实验结果，即不同植被类型的生态效应的差异，主动在城市建设中应用生态效应好的植被群落类型。

二、实验原理与内容

本实验以城市生态学中的城市植被为研究对象，说明其产生的效应对改善城市生态环境的重要性。

通过对城市中具有不同植被类型的地域（城市公园、街头绿地、屋顶花园）的生态因子（CO_2、温度、湿度、SO_2、NO_x、总悬浮颗粒物、空气微生物含量等因子）的测定，比较不同地域的不同植被群落生态效应的差异。

采样分析项目：CO_2、O_2、SO_2、NO_x、总悬浮颗粒物、空气微生物含量、温度、湿度。

三、实验材料与用品

O_2/CO_2 气体测定仪、紫外荧光 SO_2 监测仪（库仑滴定式和电导式 SO_2 自动监测仪）、42i 型分析仪、便携式气体悬浮物浓度测试仪、固体撞击式多功能空气微生物检测仪、气温计、湿度计、曲式地温计等。

四、实验操作步骤

（1）测定网点的布设方法：选择一处城市地域，根据植被生长的实际情况和人力、物力条件，在各功能区分别设置相应数量的采样点。每个测定网点附近设定一个无绿化的测定点作对照实验。

（2）采样时间：由于街头绿地相对于城市公园和屋顶花园而言，受周围因素的影响较大。因此，在选定采样时间上应当尽量避免周围环境对测定数据的干扰。所以测定时间可选择在早晨或傍晚等周围环境相对比较安静的时间段同时完成测定数据。

（3）采样频率：测定次数不少于 7 次。

（4）根据测定因子的存在状态、浓度、物理化学性质及测定方法的不同，要求选用不同的采样方法和仪器，分别进行以下空气生态因子的测定。

1）O_2/CO_2 的测定。

2）二氧化硫（SO_2）的测定——紫外荧光法。

3）氮氧化物（NO_x）的测定：含一氧化氮、二氧化氮、氧化二氮、三氧化二氮、四氧化二氮和五氧化二氮等多种形式。

4）总悬浮颗粒（TSP）的测定（重量法）。

5）大气微生物的测定。

6）测定大气和土壤的温度和湿度。

五、实验结果统计与分析

记录各个测定点的数据，分析、比较有植物覆盖地域与无绿化地域的城市生态环境因子的差异，理解城市植被产生的效应对改善城市生态环境的重要性，撰写实验报告。

本实验可根据本校具体情况对实验地点和测定的生态因子酌情选择。可选择其中一个地域作为实验场地，也可选择其中某几个生态因子进行测定。

六、作业与思考

1. 城市植被与自然植被相比较有哪些变化？
2. 城市植被的主要特征有哪些？

实验 20　水体富营养化程度的评价

富营养化（eutrophication）是在人类活动的影响下，生物所需的氮、磷等营养物质大量进入湖泊、河口、海湾等水体，引起藻类及其他浮游生物迅速繁殖，水体溶解氧量下降，水质恶化，鱼类及其他生物大量死亡的现象。

水体营养物质的来源广泛、数量大，有生活污水、农业施肥和灌溉、工业废水、垃圾等。人为排放含营养物质的工业废水和生活污水所引起的水体富营养化现象，可以在短期内出现。水体富营养化后，很难自净和恢复。水体富营养化严重时，湖泊很可被动植物及其残骸淤塞，成为沼泽甚至干地。局部海区可变成“死海”，或出现“赤潮”现象。

许多参数可用作水体富营养化的指标，常用的是总磷、叶绿素 a 含量和初级生产率的大小（表 20-1）。

表 20-1　水体富营养化程度划分

富营养化程度	初级生产率/[mg O_2/(m^2 • d)]	总磷/(μg/L)	无机氮/(μg/L)
极贫	0～136	小于 0.005	小于 0.200
贫-中		0.005～0.010	0.200～0.400
中	137～409	0.010～0.030	0.300～0.650
中-富		0.030～0.100	0.500～1.500
富	410～547	大于 0.100	大于 1.500

一、实验目的

1. 掌握总磷、叶绿素 a 及初级生产率的测定方法，熟悉实验程序，了解各种仪器的工作原理和操作方法。

2. 了解水体富营养化的评价方法。

二、实验原理与内容

1. 磷的测定

在酸性溶液中，将各种形态的磷转化成磷酸根离子（PO_4^{3-}）。然后用钼酸铵和酒石酸锑钾与之反应，生成磷钼锑杂多酸，再用抗坏血酸（维生素 C）把它还原为深色钼蓝。

砷酸盐与磷酸盐一样也能生成钼蓝，0.1g/mL 的砷就会干扰测定。六价铬、二价铜和亚硝酸盐能氧化钼蓝，使测定结果偏低。

2. 叶绿素 a 的测定

叶绿素 a 存在于所有植物中，占有机物干重的 1%～2%，是水体初级生产力和估算水体中浮游植物浓度的重要指标，对叶绿素 a 进行测定，可以了解水体的生产力和富营养化水平。叶绿素不溶于水，但溶于乙醇、丙酮、乙醚等有机溶剂。叶绿素 a 和叶绿素 b，分别在蓝紫光区和红光区对光谱有两个吸收峰。因此，可以应用有机溶剂提取叶绿素，在特定波长下进行比色测定。

3. 生产率的测定

绿色植物的生产率是光合作用的结果，与氧的产生量成比例。因此测定水体中的氧可看作对生产率的测量。然而在任何水体中都有呼吸作用产生，要消耗一部分氧。因此在计算生产率时，还必须测量因呼吸作用所损失的氧。本实验用测定 2 支无色瓶和 2 支深色瓶中相同样品内溶解氧变化量的方法测定生产率。此外，测定无色瓶中氧的减少量，提供校正呼吸作用的数据。

三、仪器材料与用品

1. 仪器：可见分光光度计；移液管（1mL、2mL、10mL）；容量瓶（100mL、250mL）；锥形瓶（250mL）；比色管（25mL）；BOD 瓶（250mL）；具塞小试管（10mL）；玻璃纤维滤膜；剪刀；玻璃棒；夹子；多功能水质检测仪；离心机。

2. 试剂及其配制。

1）测定总磷所用试剂如下。

2mol/L 盐酸溶液；6mol/L 氢氧化钠溶液；1%酚酞；浓硫酸。

钼酸铵溶液：将 20g$(NH_4)_6MO_7O_{24}\cdot 4H_2O$ 溶于 500mL 蒸馏水中，用塑料瓶在 4℃时保存。

抗坏血酸（维生素 C）溶液：0.1mol/L（溶解 1.76g 抗坏血酸于 100mL 蒸馏水中，转入棕色瓶，若在 4℃时保存，可保存一个星期）。

磷酸盐储备液（1.00mg/mL 磷）：称取 1.098g KH_2PO_4，溶解后转入 250mL 容量瓶中，稀释至刻度，即得 1.00mg/mL 磷溶液。

磷酸盐标准溶液：量取 1.00mL 储备液于 100mL 容量瓶中，稀释至刻度，即得磷含量为 10μg/mL 的工作液。

酒石酸锑钾溶液：将 4.4g $K(SbO)C_4H_4O_6\cdot 1/2H_2O$ 溶于 200mL 蒸馏水中，用棕色瓶在 4℃时保存。

混合试剂：50mL 2mol/L 硫酸、5mL 酒石酸锑钾溶液、15mL 钼酸铵溶液和30mL 抗坏血酸溶液。混合前，先让上述溶液达到室温，并按上述次序混合。在加入酒石酸锑钾或钼酸铵后，如混合试剂有浑浊，须摇动混合试剂，并放置几分钟，至澄清为止。若在 4℃下保存，可维持 1 个星期不变。

2）测定叶绿素 a：碳酸镁，90%乙醇。

四、实验操作与步骤

1. 磷的测定

（1）水样处理：水样中如有大的微粒，可用搅拌器搅拌 2～3min，以至混合均匀。量取 100mL 水样（或经稀释的水样）2 份，分别放入 250mL 锥形瓶中，另取 100mL 蒸馏水于 250mL 锥形瓶中作为对照，分别加入 1mL 2mol/L H_2SO_4，3g $(NH_4)_2S_2O_8$，微沸约 1h，补加蒸馏水使体积为 25～50mL（如锥形瓶壁上有白色凝聚物，应用蒸馏水将其冲入溶液中），再加热数分钟。冷却后，加一滴酚酞，并用 6mol/L NaOH 将溶液中和至微红色。再滴加 2mol/L HCl 使粉红色恰好褪去，转入 100mL 容量瓶中，加水稀释至刻度，移取 25mL 至 50mL 比色管中，加 1mL 混合试剂，摇匀后，放置 10min，加水稀释至刻度再摇匀，放置 10min，以试剂空白作参比，用 1cm 比色皿，于波长 880nm 处测定吸光度（若分光光度计不能测定 880nm 处的吸光度，可选择 710nm 波长）。

（2）标准曲线的绘制：分别吸取 10μg/mL 磷的标准溶液 0.00mL、0.50mL、1.00mL、1.50mL、2.00mL、2.50mL、3.00mL 于 50mL 比色管中，加水稀释至约 25mL，加入 1mL 混合试剂，摇匀后放置 10min，加水稀释至刻度，再摇匀，10min 后，以试剂空白作参比，用 1cm 比色皿，于波长 880nm 处测定吸光度。

2. 叶绿素 a 的测定

（1）采集水样后存放在低温避光处，避免日光直射，进行测定的预处理。预处理方法：在每升水样中加入 1mL 1%的碳酸镁悬浊液，防止酸化引起色素溶解。

（2）将 0.45μm 醋酸纤维滤膜装在抽滤器上，倒入定量体积的水样进行抽滤，抽滤时负压不能过大（约 50kPa）。水样抽完后，继续抽 1～2min，以减少滤膜上的水分。

（3）抽滤完毕后，将带有浮游植物的滤膜直接放入 10mL 比色管中（即不干燥研磨），加入少量的碳酸镁粉末，再加入 10mL 90%乙醇，在常温暗室中提取 6～8h。

（4）将比色管取出，充分摇匀内含物，3500r/min 离心 10min，上清液入比色管中，用 90%的乙醇定容至 10mL。

（5）用分光度度计在 750nm、663nm、645nm、630nm 波长处，分别测定吸光度值，并以90%的乙醇作空白测定吸光度。

3. 生产率的测定

（1）取4个BOD瓶，其中两个用铝箔包裹使之不透光，这些分别记作“亮”和“暗”瓶。从水体上半部的中间取出水样，测量水温和溶解氧。如果此水体的溶解氧未过饱和，则记录此值为O_i，然后将水样分别注入一对“亮”和“暗”瓶中。若水样中溶解氧过饱和，则缓缓地给水样通气，以除去过剩的氧。重新测定溶解氧并记作O_i。按上法将水样分别注入一对“亮”和“暗”瓶中。

（2）从水体下半部的中间取出水样，按上述方法同样处理。

（3）将两对“亮”和“暗”瓶分别悬挂在与取水样相同的水深位置，调整这些瓶子，使阳光能充分照射。一般将瓶子暴露几个小时，暴露期为清晨至中午，或中午至黄昏，也可清晨到黄昏。为方便起见，可选择较短的时间。

（4）暴露期结束即取出瓶子，逐一测定溶解氧，分别将“亮”和“暗”瓶的数值记为O_l和O_d。

五、实验结果与分析

1. 磷的测定结果处理

由标准曲线查得磷的含量，按下式计算水中磷的含量：

$$\rho_P = W_P / V$$

式中，ρ_P为水中磷的含量（g/L）；W_P为由标准曲线上查得磷含量（μg）；V为测定时吸取水样的体积（本实验V=25.00mL）。

2. 叶绿素a的测定结果处理

$$\text{叶绿素a}(\text{mg/m}^3)=[11.64(D_{663}-D_{750})-2.16(D_{645}-D_{750})+0.10(D_{630}-D_{750})]\cdot V_{\text{萃取液}}/V_{\text{样品}}(\text{mL})$$

3. 生产率的测定结果处理

（1）呼吸作用：氧在暗瓶中的减少量$R=O_i-O_d$

净光合作用：氧在亮瓶中的增加量$P_n=O_l-O_i$

总光合作用：P_g=呼吸作用+净光合作用$=(O_i-O_d)+(O_l-O_i)=O_l-O_d$

（2）计算水体上下两部分值的平均值。

（3）通过以下公式计算来判断每单位水域总光合作用和净光合作用的日速率。

1）把暴露时间修改为日周期：

$$P_g'[\text{mg } O_2/(\text{L}\cdot\text{d})]=P_g\times\text{每日光周期时间/暴露时间}$$

2）将生产率单位从mg O_2/L改为mg O_2/m^2，这表示1m^2水面下水柱的总产生率。为此必须知道产生区的水深：

$$P_g''[\text{mg O}_2/(\text{m}^2\cdot\text{d})]=P_g\times\text{每日光周期时间/暴露时间}\times10^3\times\text{水深（m）}$$

式中，10^3 是体积浓度 mg/L 换算为 mg/m^3 的系数。

3）假设全日 24h 呼吸作用保持不变，计算日呼吸作用：

$$R[\text{mg O}_2/(\text{m}^2\cdot\text{d})]=R\times24/\text{暴露时间（h）}\times10^3\times\text{水深（m）}$$

4）计算日净光合作用：

$$P_n[\text{mg O}_2/(\text{L}\cdot\text{d})]=\text{日 }P_g-\text{日 }R$$

（4）假设符合光合作用的理想方程（$CO_2+H_2O\rightarrow CH_2O+O_2$），将生产率的单位转换成固定碳的单位：

$$\text{日 }P_m[\text{mg C}/(\text{m}^2\cdot\text{d})]=\text{日 }P_n[\text{mg O}_2/(\text{m}^2\cdot\text{d})]\times12/32$$

根据测定结果，并查阅有关资料，评价水体富营养化状况。

六、作业与思考

1. 水体中氮、磷的主要来源有哪些？
2. 被测水体的富营养化状况如何评价？

参考文献

白庆笙，王英永. 2007. 动物学实验[M]. 北京：高等教育出版社.

曹华斌，翁兰英. 2006. PCR 方法对单细胞 SRY 基因扩增效率的对比研究[J]. 中国优生与遗传杂志，14（4）：35-37.

常会庆，车青梅. 2007. 富营养化水体的评价方法研究[J]. 安徽农业科学，35（32）：10407-10409.

陈阅增. 2005. 普通生物学[M]. 2 版. 北京：高等教育出版社.

丁明孝，苏都莫日根，王喜忠. 2013. 细胞生物学实验指南[M]. 2 版. 北京：高等教育出版社.

黄诗笺. 2001. 动物生物学实验指导[M]. 北京：高等教育出版社.

黄正一，蒋延揆. 1984. 动物学实验方法[M]. 上海：上海科学技术出版社.

江静波. 1995. 无脊椎动物学[M]. 北京：高等教育出版社.

林宏辉. 2003. 现代生物学基础实验指导[M]. 成都：四川大学出版社.

刘凌云，郑光美. 1998. 普通动物学实验指导[M]. 北京：高等教育出版社.

刘凌云，郑光美. 2000. 普通动物学[M]. 北京：高等教育出版社.

沈萍. 2000. 微生物学[M]. 北京：高等教育出版社.

斯佩克特 DL，戈德曼 RD，莱固万德 LA. 2001. 细胞实验指南[M]. 黄培堂等译. 北京：科学出版社.

孙义. 2008. 水果和蔬菜中维生素 C 含量的测定方法综述[J]. 天津化工，22（3）：58-59.

唐敏，赵健茗，张玉，等. 2014. 三种水果中维生素 C 含量的 HPLC 法测定与比较[J]. 食品与发酵科技，50（4）：53-55.

田希武，胡德秀. 2001. 城市植被在城市生态环境中的效应[J]. 陕西水力发电，17（2）：60-62.

王爱勤，李国忠. 2000. 动物学实验[M]. 南京：东南大学出版社.

吴庆余. 2006. 基础生命科学[M]. 2 版. 北京：高等教育出版社.

阎树刚，韩涛. 2002. 果蔬及其制品中维生素 C 测定方法的评价[J]. 中国农学通报，18（4）：110-112.

杨小波. 2008. 城市生态学经典案例和实验指导[M]. 北京：科学出版社.

杨小波，吴庆书. 2011. 城市生态学[M]. 2 版. 北京：科学出版社.

杨玉萍. 2010. “氨基酸纸层析分离方法”实验教学设计[J]. 新乡学院学报，27（3）：90-91.

张闰生. 1991. 无脊椎动物学实验[M]. 北京：高等教育出版社.

张文霞，戴灼华. 2007. 遗传学实验指导[M]. 北京：高等教育出版社.

张稳婵，弓巧娟，孙鸿，等. 2013. 氨基酸混合物分离效果提高的实验研究[J]. 化学教育，2：65-68.

章丽，刘松雁. 2009. 氨基酸测定方法的研究进展[J]. 河北化工，32（5）：27-29.

郑集，陈钧辉. 2007. 普通生物化学[M]. 4 版. 北京：高等教育出版社.

周长林. 2004. 微生物学实验指导[M]. 北京：中国医药科技出版社.

Michael Madigan，John Martinko，David Stahl，et al. 2013. Brock Biology of Microorganisms[M]. 13th. San Francisco. CA：Pearson.